Breathtaking Polar Regions

壮美极地

赵进平◎主编

文稿编撰/孔晓音 吴迪

图片统筹/刘乃泉 矫玉田

中国海洋大学出版社

·青岛·

畅游海洋科普丛书

总主编　吴德星

顾　问

文圣常　中国科学院院士、著名物理海洋学家
管华诗　中国工程院院士、著名海洋药物学家
冯士筰　中国科学院院士、著名环境海洋学家
王曙光　国家海洋局原局长、中国海洋发展研究中心主任

编委会

主　任　吴德星　中国海洋大学校长
副主任　李华军　中国海洋大学副校长
　　　　杨立敏　中国海洋大学出版社社长
委　员　（以姓氏笔画为序）

丁剑玲　干焱平　王松岐　史宏达　朱　柏　任其海
齐继光　纪丽真　李夕聪　李凤岐　李旭奎　李学伦
李建筑　赵进平　姜国良　徐永成　韩玉堂　魏建功

总策划　李华军

执行策划

杨立敏　李建筑　李夕聪　朱　柏　冯广明

普及海洋知识

迎接蓝色世纪

文圣常

二〇二二年三月

中国科学院资深院士、著名物理海洋学家文圣常先生题词

畅游蔚蓝海洋　共创美好未来

——出版者的话

　　海洋，生命的摇篮，人类生存与发展的希望；她，孕育着经济的繁荣，见证着社会的发展，承载着人类的文明。步入21世纪，"开发海洋、利用海洋、保护海洋"成为响遍全球的号角和声势浩大的行动，中国——一个有着悠久海洋开发和利用历史的濒海大国，正在致力于走进世界海洋强国之列。在"十二五"规划开局之年，在唱响蓝色经济的今天，为了引导读者，特别是广大青少年更好地认识和了解海洋、增强利用和保护海洋的意识，鼓励更多的海洋爱好者投身于海洋开发和科教事业，以海洋类图书为出版特色的中国海洋大学出版社，依托中国海洋大学的学科和人才优势，倾力打造并推出这套"畅游海洋科普丛书"。

　　中国海洋大学是我国"211工程"和"985工程"重点建设高校之一，不仅肩负着为祖国培养海洋科教人才的使命，也担负着海洋科学普及教育的重任。为了打造好"畅游海洋科普丛书"，知名海洋学家、中国海洋大学校长吴德星教授担任丛书总主编；著名海洋学家文圣常院士、管华诗院士、冯士筰院士和著名海洋管理专家王曙光教授欣然担任丛书顾问；丛书各册的主编均为相关学科的专家、学者。他们以强烈的社会责任感、严谨的科学精神、朴实又不失优美的文笔编撰了丛书。

　　作为海洋知识的科普读物，本套丛书具有如下两个极其鲜明的特点。

丰富宏阔的内容

丛书共10个分册，以海洋学科最新研究成果及翔实的资料为基础，从不同视角，多侧面、多层次、全方位介绍了海洋各领域的基础知识，向读者朋友们呈现了一幅宏阔的海洋画卷。《初识海洋》引你进入海洋，形成关于海洋的初步印象；《海洋生物》《探秘海底》让你尽情领略海洋资源的丰饶；《壮美极地》向你展示极地的雄姿；《海战风云》《航海探险》《船舶胜览》为你历数古今著名海上战事、航海探险人物、船舶与人类发展的关系；《奇异海岛》《魅力港城》向你尽显海岛的奇异与港城的魅力；《海洋科教》则向你呈现人类认识海洋、探索海洋历程中作出重大贡献的人物、机构及世界重大科考成果。

新颖独特的编创

本丛书以简约的文字配以大量精美的图片，图文相辅相成，使读者朋友在阅读文字的同时有一种视觉享受，如身临其境，在"畅游"的愉悦中了解海洋……

海之魅力，在于有容；蓝色经济、蓝色情怀、蓝色的梦！这套丛书承载了海洋学家和海洋工作者们对海洋的认知和诠释、对读者朋友的期望和祝愿。

我们深知，好书是用心做出来的。当我们把这套凝聚着策划者之心、组织者之心、编撰者之心、设计者之心、编辑者之心等多颗虔诚之心的"畅游海洋科普丛书"呈献给读者朋友们的时候，我们有些许忐忑，但更有几许期待。我们希望这套丛书能给那些向往大海、热爱大海的人们以惊喜和收获，希望能对我国的海洋科普事业作出一点贡献。

愿读者朋友们喜爱"畅游海洋科普丛书"，在海洋领域里大有作为！

或许你未曾亲临极地，仅凭印象，认定它冰冷遥远，凌厉的冰雪、肆虐的狂风、极端的酷寒，构成一个与世隔绝的冰天雪地。走进极地，你会发现，那里并非生命的荒漠，那里是一个童话般的世界。

每个人心中都曾对童话世界展开过多彩想象，而那些深藏心间的奇思妙想在极地都将一一展现。巍峨的雪原、堆砌的冰川、蔚蓝的大海构成了地球上最为壮美的画面，神奇的极昼极夜、美妙的极光、奇特的幻日蕴涵着无数的科学之谜，企鹅、北极熊、海豹、北极燕鸥、旅鼠等众多生灵给冰天雪地平添了一份热闹景象；阿蒙森、斯科特、皮尔里等一个个耳熟能详的名字谱写了极地探险的壮丽诗篇。

前言 PREFACE

　　人类的足迹正一步步深入极地，对极地的认识日甚一日。在《壮美极地》中，你将欣赏极地景观的壮美瑰丽，感受极地环境的风云变幻，分享极地生灵的喜怒悲欢，了解极地资源的丰富多彩……

　　打开《壮美极地》吧，存留对极地的崭新印象，生发对极地的美好祈盼；愿你更加热爱极地，让你我携手共同守卫这片梦幻之地。

壮美极地

006

目
录 CONTENTS

壮美极地

008

目 录
CONTENTS

认识极地

Invitation to the Polar Regions

冰清如玉，海蓝如洗。寒风咆哮，酷寒肆虐。茫茫雪原，浩瀚无垠。冰川堆砌，瀚海浮冰。地球两端，静坐壮美极地。让我们劈冰斩浪，走进人迹罕至的极地，感受缓慢而行的昼夜，仰视瑰丽奇幻的极光，亲近自由洒脱的生灵。在风雪中收获勇敢，在勇敢中惜取封冻万年的极地风光！

寻找极地坐标

标出极点

我们所生活的地球在围绕着一根"地轴"不停地转动着，地轴与地球表面相交的两点，便是南极点和北极点。

在地球仪上，标记南、北极点真的是非常简单，可是，我们这样的举动不过是纸上谈兵。在真实的酷寒极地，想要把标杆插在极点上，绝非易事。万里冰封的雪原，

太阳照射的一面为白天，反之为黑夜

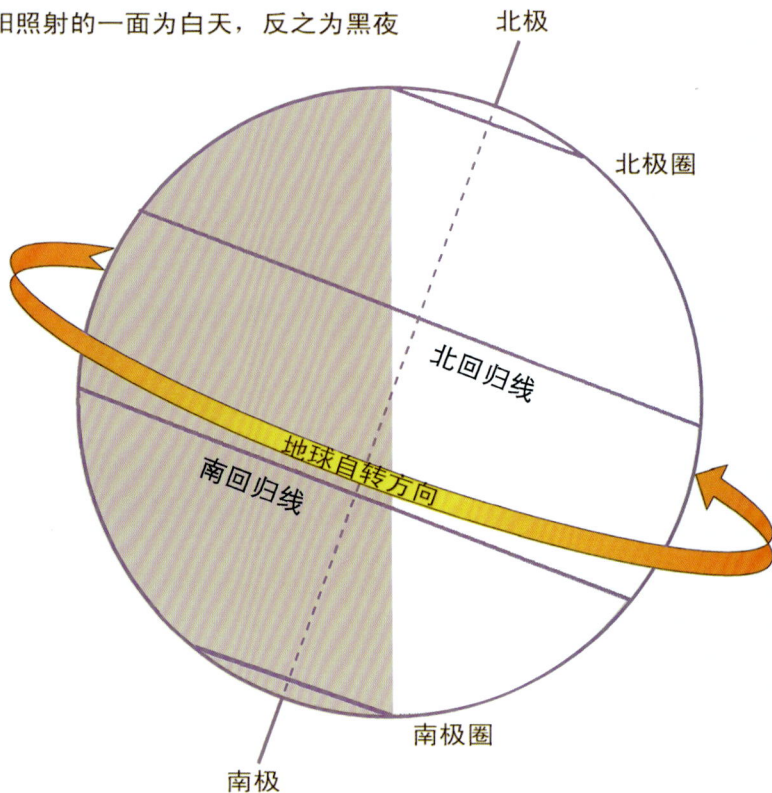

北极

北极圈

北回归线

地球自转方向

南回归线

南极圈

南极

↑南、北极点的标识

滴水成冰的天气，乳白天空和狂烈的风暴会令你身处险境。北极，常有凶猛的北极熊出没；南极，时常会遭遇贼鸥的突然袭击。气候和环境设置的险阻，注定让寻找南、北极点之路变得艰难。

不仅如此，两个极点也并不"老实"。覆盖在南极点上面的冰雪以10米/年左右的速度移动，科学家每年都要重新标定一次南极点的位置，立上标杆。北极点则更甚，因为北极点位于北冰洋中，北冰洋的冰会随风漂浮，任何地标都可能漂离北极点。

寻找南、北极点，在人类极地科考史上曾留下过许多悲壮的故事。比如，美国探险家皮尔里、英国海军军官罗

南、北极点

南极点：地轴与地表最南端的交集处，南纬90°，只有一个方向，那就是北方。

北极点：地轴与地表最北端的交集处，北纬90°，只有一个方向，那就是南方。

伯特·法尔肯·斯科特和挪威探险家罗尔德·阿蒙森等历经艰险所创造的奇迹让我们有足够的理由认为，这不仅仅是某个人或某个国家的殊荣，更是整个人类的荣耀；其中彰显出来的顽强精神令人叹服，也正契合南、北极本身透露出来的坚忍气质。

　　在极点上，日期和时间也会是令你眩惑的一大问题。极点是地球上所有经线的交点，那里可以属于世界上的任何一个时区，你根本不知道自己究竟在哪一经度上。这会让你不知道日期和时间，也许，你的左脚是今天的，右脚却是昨天的。为了避免极点上时间的混乱，国际天文联合会把北极点的时间定义得跟国际标准时间一样，所以，如果你想确定时间，可以向格林尼治天文台咨询。而南极点一般使用的是新西兰时间，即东十二区区时。秦大河是中国徒步到达南极点的第一人，他在《秦大河横穿南极日记》中写道："我们全体于智利彭塔时间（注：1989年）12月11日下午5时到达南极点。南极点使用的是新西兰时间，为12月12日上午9时。"

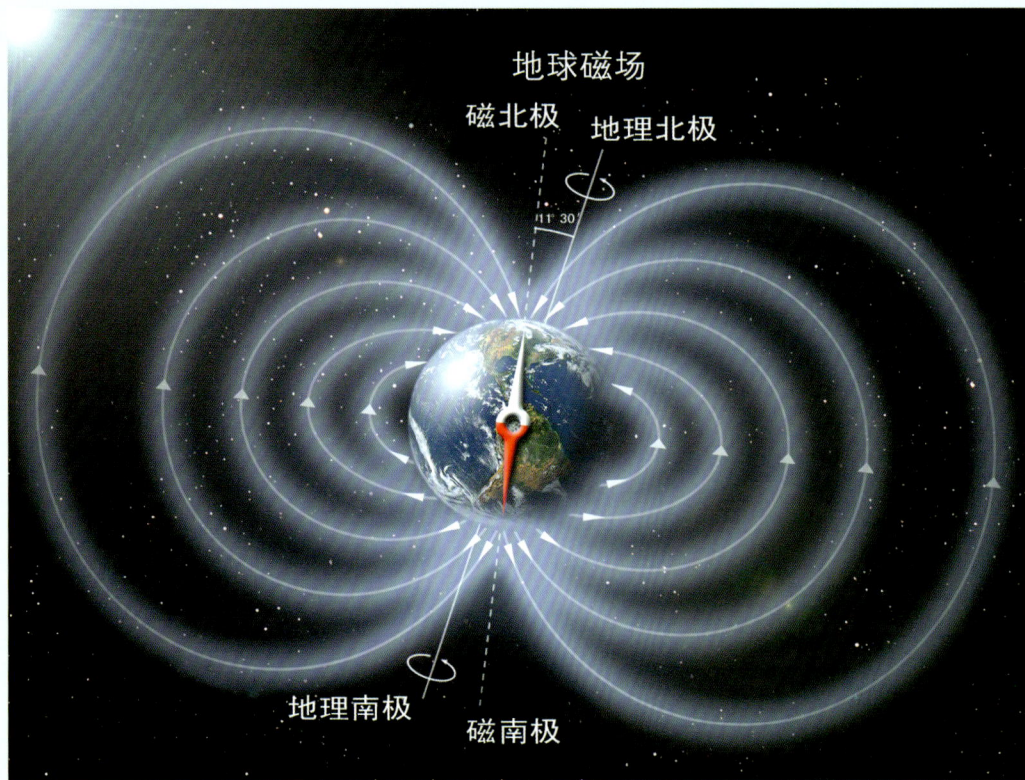

↑地球磁场示意图

磁 极

众所周知，司南是一块刻有方位的光滑盘子上放了一把用天然磁铁矿石琢成的勺子，利用磁铁指南的作用辨别方向，是中国的四大发明之一。后来，西方人延续了中国人的智慧，在司南的基础上设计出了一种类似表盘一样简易、轻巧的小仪器——指南针。

无论是司南还是指南针，之所以可以确定方向，原因主要在于地球。地球本身就像一块巨大的磁铁，北半球的地磁极称为地磁北极，南半球的地磁极称为地磁南极。

需要说明的是，南、北磁极并不在地理南、北极点上。它们或多或少分别偏离于南、北极点，其间存在11°30′的夹角。与地理南、北极点恒定不变不同，南、北磁极是不停移位的。

一般而言，我们认为地球磁场指挥着指南针的S端永远指向南磁极，相对的一方自然就是北磁极了。但在历史上南、北磁极曾发生过互换，即地磁的北极变为地磁的南极，地磁的南极变成了地磁的北极，这就是所谓的"磁极倒转"。

Link

西班牙3名残疾运动员成功抵达南极点

2009年1月，3名西班牙残疾运动员在没有机械以及动物辅助的情况下，乘雪橇成功抵达南极点，创造了人类历史上的奇迹。他们在2名健全向导陪同下，经受-40℃低温和寒风的考验，行程250千米，历时12天到达南极点。这一主要由残疾人组成的探险队希望通过这一行动向世人展示：对残疾人来说，一切皆有可能。

除这3人外，还曾有其他残疾人登上过南极点。1994年，挪威无臂人卡托·派德森在2名健全向导的帮助下，于54天内完成了1 300千米的行程，成为世界上第一个到达南极点的残疾人。

另有英国盲人男子马克·波洛克和他的队友一起，在-50℃严寒中跋涉近800千米，穿越南极冰原，登上海拔2 750米的极地高原，最终抵达南极点。

↑西班牙3名残疾运动员

画出极圈

有这样一道"篱笆",走进它,你就可以领略壮美的极地冰川,与北极熊或企鹅等极地生灵来一次亲密接触;走进它,你就从温带跨到寒带领地,感受极昼、极夜的交替,尽览幻美极光。这道无形而特殊的"篱笆"就是极圈。极圈内,特殊的地理环境,鲜见的生物种类,奇特的人文地理,别样的部落风情,种种鲜为人知的奥秘吸引着一代又一代的勇敢者去一探究竟。

在漫长的历史岁月中,人们对于南极圈一直知之甚少,这是因为南极圈内部的险恶环境吞噬了人类一次又一次的探索努力。直到1773年,英国的库克船长在东经30°左右驶入南极圈,人类才有史以来第一次进入南极圈。

人类进入南极圈只有短短200多年的历史。北极圈就好多了,因为至少在5 000年以前,就有不畏严寒的因纽特人在北极圈内生活了。他们靠捕猎为生,夏天奔忙于汹涌澎湃的大海之中,冬天挣扎于漂浮不定的浮冰之上,顽强生存,世代繁衍至今。现在,北极圈内拥有北冰洋和大西洋周边的岛屿、陆地,有8个国家的土地延伸至此,它们分别是俄罗斯、美国、加拿大、丹麦、冰岛、挪威、瑞典、芬兰。在这些地方,建有城市、乡镇和村落,生活、休闲、娱乐等设施一应俱全,使得寒冷的极地也洋溢着温暖的人间烟火。现如今,北极的旅游开发相当便捷,奇异的北极风情逐渐被掀开了神秘的面纱。值得一提的是举世闻名的冰岛风光。

南、北极圈

极地分南、北两极,极圈自然也分南、北两圈。

南极圈是南纬66°34′的纬线;北极圈则是北纬66°34′的纬线。

Link

圣诞老人村

传说中，圣诞老人的故乡在北极圈内。现实中的圣诞老人村位于芬兰的拉普兰地区罗瓦涅米以北8 000米处的北极圈内。每年，来自世界各地的游客源源不断地涌向这里，只为一睹圣诞老人的风采，寻找真实的童话世界。在圣诞老人村里，你可以亲近真人版圣诞老人，也可以感受一下驯鹿拉的雪橇，更可以游览梦幻般的圣诞乐园。

礼品店里不仅可以买到具有芬兰风情的礼物，还可以得到一张跨越北极圈的证书。圣诞老人邮局里摆满了各种充满童话色彩的邮票、贺卡和礼品，从此处寄出的信件，也会特别盖上北极圣诞老人邮局的邮戳。

↑圣诞老人村

感知极地"体温"

酷寒极地

如果让你用一个字来形容极地，你会选择哪一个？我会毫不犹豫地选择"酷"，为什么不呢？想想极地那遥远的地理位置，那些特殊的生灵，那堆积了亿万年的冰雪，难道不"酷"吗？

如果要给极地做一次体检，它的体检报告里最为醒目的就是体温了。那些数字即便看上一眼也会让人不寒而栗。南极大陆的年平均气温为−25℃。南极沿海地区的年

壮美极地

Link

南、北极一样冷吗

在我们的印象里,南、北极身披厚厚的冰雪,位于地球的两端,似乎应该一样冷。可事实并非如此。南极的平均气温要比北极低20℃左右。究竟是什么原因导致这两个冰天雪地在温度上的差异呢?

从地表情况来看,南极大陆95%陆地为冰雪覆盖,冰雪从来不是存储热量的好帮手,况且南极那平均超过2 000米的高海拔,已经到了高处不胜寒的程度。与南极大陆相比,北极地区大部分为海洋,北冰洋更擅长吸收、存储能量。此外,北极还有外援,从低纬度海域流入北冰洋的太平洋水和大西洋水,也能为北冰洋加热。

平均气温为–20℃～–17℃;内陆地区的年平均气温低于–40℃;东南极高原地区的年平均气温一般徘徊在–56℃左右。目前检测到的南极最低气温是1983年俄罗斯东方站记录的–89.2℃。这让南极成为当仁不让的世界最冷极。北极在1月份的平均气温介于–40℃～–20℃,随着气候变暖,近年来8月平均气温已达–2℃。在北冰洋极点附近漂流站上测到的最低气温是–59℃,记录到的北极最寒冷气温–70℃出现在西伯利亚的维尔霍杨斯克。

当你睡眼惺忪迎接冬天黎明的第一阵寒风时会感到寒意袭人,但相比于南、北极的酷寒,简直就是小巫见大巫。如果没有极地,地球是不是也少了几分顽强和冷峻呢?

极地酷寒的原因,首先是吸收太阳辐射少。两极地区位于地球的两端,属于绝对高纬度地区,它们从太阳输送给地球的热量中得到的实在是少得可怜。若赶上极昼,日照时间长达24小时,勉强还可以多吸收、存储一点热量。然而,在那没有太阳光的漫长极夜,外界的热量输送暂被切断,自身又在不停地发散热量,极地不冷才怪。

极地酷寒的另一个重要因素是极地区域的地表性质。极地表面覆盖的厚厚冰雪具有较强的反射能力,太阳送达到极地的热辐射绝大部分被它们毫不留情地拒之门外,太阳光携带的热量,从哪里来,又回哪里去了。不仅如此,地面本身还要向外辐射热量,极地吸收的热量,远远抵不上辐射出去的热量,热量的入不敷出决定了极地的酷寒命运。

风暴极地

有这样一首关于风的歌谣：

零级烟柱直冲天，　一级轻烟随风偏。
二级轻风吹脸面，　三级叶动红旗展。
四级枝摇飞纸片，　五级带叶小树摇。
六级举伞步行难，　七级迎风走不便。
八级风吹树枝断，　九级屋顶飞瓦片。
十级拔树又倒屋，　十一二级陆少见。

　　现实生活中，很少有人经历过12级的大风暴。但是，在南极来一场12级以上的风暴简直就是家常便饭。南极年平均风速19.4米/秒，东南极大陆沿岸一带风力最强，地面风速可达40～50米/秒，远远超过了12级大风的风速。风速在28米/秒以上的大风屡见不鲜，平均每年8级以

上的大风天气就有300天。1972年澳大利亚莫森站观测到的最大风速为82米/秒。法国迪尔维尔站曾观测到风速达100米/秒的热带气旋，是迄今为止世界上记录到的最大风速。可见，南极大陆是世界上风暴最频繁、风力最为强劲的大陆，因此，又被称为"风极"。

如果只是刮风，南极的情况还不算太糟糕，一旦风里夹杂了雪，情况就大为不妙了。这里，我们不得不提到南极的另一个名字，地球上的"暴风雪故乡"。暴风雪一到，美丽的南极刹那间呈现恐怖的景象，真可谓烈风卷地百冰凝，雪花寒剑扫长空。

我们未曾身临其境，感受极地风暴，但或许可通过唐代诗人岑参描绘塞外的诗句"一川碎石大如斗，随风满地石乱走"略微窥见极地风暴的威力。不难想象，当狂风来临时，即使再庞大的动物也像微小的草芥，只能识相地纷纷躲避。企鹅虽久经风雪考验，但身处狂暴的现场，谨慎的它们还是会紧紧地依偎在一起抵御严寒，共渡难关。

暴风雪

要知道，南极风暴肆虐并非毫无缘由，原因就在于南极的气候和特殊的地形。覆盖南极大陆的冰盖就像一块中部厚、四周薄的"铁饼"，形成中心高原与沿海地区之间的陡坡地形。内陆高原的低温使空气具有较大的密度，沿着斜坡下滑，到了沿海地区，因地势骤然下降，使得冷气流下滑的速度急剧加大，形成了强劲有力、速度飞快的下降风。

北极的平均风速远不及南极，即便是在冬季，北冰洋沿岸的平均风速也仅达10米/秒。但北极的暴风雪天气亦让人谈之色变。在冬季，因受到冰岛低压和阿留申低压的影响，常在亚欧大陆北部沿岸海域和阿拉斯加北部沿岸海域形成气旋而产生暴风雪天气。幸好，居住在此的人们摸清了暴风雪的习性，学会了察看天气预兆。看云霞，"朝霞不出门，晚霞行千里"；看日晕、月晕、星辰，日晕主水，月晕主风，晴朗的夜晚如若星辰寥寥，那就暗示天气要变脸了；或者观察动物，根据它们异常的举动，推测天气的变化，及早作好准备。这些都可以帮助人们逃避暴风雪的袭击。

Link

致命天气——狂风

肆虐的狂风是致命的，就算未能亲见，我们也耳闻过狂暴的台风如何把高楼夷为平地，把大树连根拔起。

在南极，科考人员不仅要面临酷寒气候的考验，还要应对随时发作的致命天气——狂风。狂风暗藏着杀机，能使人在瞬间迷失方向，取走人体内的热量，导致冻伤甚至冻死事故的发生。极夜的风暴，其速度尤为迅猛，有时会超过40米/秒，其威力远超12级台风。1960

↑狂风

年10月10日下午，在日本昭和站进行科学考察的福岛博士，走出基地食堂去喂狗，突遇35米/秒的暴风雪，顿时消失得无影无踪，从此音讯全无，直到1967年2月9日，人们才在距站区4 200米的地方发现了他的遗体。

有了这样惨痛的教训，各考察站在主要建筑物之间拉起了"救命绳"，队员可以扶着绳索行走，以免被暴风雪席卷走。每逢大风天气，考察人员一般都会选择在营地静静待着，直到风暴过去。

壮
美
极
地

↑ 南极地吹雪

南极地吹雪

南极被称为"风极",是风暴最频繁、风力最大的大陆。风暴来袭时,冰盖上的积雪被狂风刮起,纷纷扬扬,沿着冰面横行肆虐,颇有"吞天沃日"的气势,被形象地称为"地吹雪"。

北极风暴

若单纯以审美的眼光来看,北极风暴可谓壮观,然而,一旦身临其境,甚至没有祈祷的时间,人们就被这风速极高、温度极低的风暴夺走性命。即便是强壮的北极熊,对此情境,也不免躲为上策。

↓ 北极风暴

咆哮西风带

西风带

　　地球上有南、北两个西风带，北半球盛行西南风，南半球盛行西北风，分别在南、北纬30°～60°。南半球西风带恰好位于东西贯通的南大洋，因缺少陆地的阻挡风力更为强劲。由于南大洋的西风带气旋活动十分频繁，平均2～3天就有一个气旋经过，这些气旋形成后，便以8.3米/秒的速度向东偏南方向移动，到达高纬度地区后，逐渐偏向南。

　　多变的气旋与强劲的西风"勾结"在一起，使得这里终年巨浪滔天，有时也会有狂风暴雪横行。暴雪和巨浪使得海上的能见度急剧下降，给海上航行带来极大困难和危险，"咆哮西风带"由此得名。

　　在早期的航海时代，"咆哮西风带"是有名的"鬼门关"，使得许多南下探险的船只望而生畏。中国首次南极考察时，也曾在西风带遭遇险情。如果你想搭船去南极，不妨借助卫星云图和天气预报及时调整航线，避开气旋，选择合适的时机和路线安全穿越。

极地季节

　　地球上赤道附近没有明显的季节变化，终年是炎热不堪的酷暑。温带则有四季的划分，北半球的划分是：3~5月为春季，6~8月为夏季，9~11月为秋季，12月~次年2月为冬季；南半球与之相反。季节之间自然衔接，平稳过渡，身处温带的人们也能领略四季不同的风光。那么，在寒冷的两极地区，季节是如何划分的呢？

北极季节划分

　　北极的季节划分呈现不完美比例。冬季是漫长、寒冷而黑暗的，一般从11月份持续到次年的4月份，余下的6个月是春、夏、秋三季。从每年的11月23日开始，温度会降到−50℃左右。到了次年4月份，天气才渐渐回暖，天空变得明亮起来，北冰洋表层冰雪开始解冻。五六月份，植物一身新绿，欣欣向荣，动物四处活动，并开始交配繁殖。在这个季节，动物们可获得充足的食物，积累足够的脂肪，其间，最高温度也不过15℃。北极的秋季极为短暂，第一场暴风雪在9月初就会降临。除冬季外，春、夏、秋三季时间短暂，且它们之间的划分也并非泾渭分明。

南极季节划分

南极季节的划分是"四缺二"的状态。四季中，只有寒、暖两季，4～10月为寒季，11月至次年3月为暖季，寒季长于暖季。在南极点附近寒季为极夜，这时在南极圈附近常出现光彩夺目的极光；暖季则相反，南极点附近为极昼，太阳总是倾斜照射。

那么南极洲是否也曾拥有美丽的春天呢？事实上，南极洲并非一直这样寒冷。根据大陆漂移假说推断，在2亿年前，现在的南极洲同南美洲、非洲、印度和大洋洲是连接在一起的古陆块，地处热带和亚热带。当时，这一带气候温暖，雨量充沛，遍地丛生热带植物，到处是活跃的远古动物，想必当时场景定是热闹非凡。后来，古陆块分裂，这块大陆逐渐向地球南端漂移，直至极地附近。由于纬度高，极地终年得不到太阳直射，气温逐渐变低，造成降雪不融、积冰不化。斗转星移，随着岁月的流逝，原来兴旺的生物们销声匿迹变成了长眠于地下的化石，那往日的四季如春也演变成风雪肆虐、奇寒酷冷的冰雪天地。

仲夏节之火

芬兰、瑞典等北欧国家靠近北极，冬季漫长。仲夏节（6月24日前后），这一地区处于一年中阳光最为充足的时期。仲夏节这天北极圈内没有黑夜，是白天最长的一天。因此，人们在这一天庆祝光明、驱除黑暗，迎接万物峥嵘日子的到来。点燃篝火是节日的重要内容。按古老传统，篝火要由新婚夫妇点燃。

仲夏节之火

仲冬节大餐

在南极，最为重要的节日是仲冬节（6月21日前后）。它是各国南极常年考察站约定俗成的节日。

这一天太阳直射北回归线，是南半球的冬至；过了这一天，太阳南回，黑夜越来越短。这一天预示着一年中最黑暗、最难熬、最困难的时期将过去，光明就在眼前。各国在南极的考察队员都把这一天当成盛大节日来庆祝。南极的寒冷令人无法进行户外庆祝，因此，主要的庆祝方式是在室内举办美味大餐或宴会。

我们一边在追溯南极的春天，一边又不得不去焦虑全球变暖给南极带来的杀伤力，南极冰川的前景实在堪忧。一旦冰川消失，南极企鹅将会失去赖以存活的故乡，不知会被命运之流带至何方。

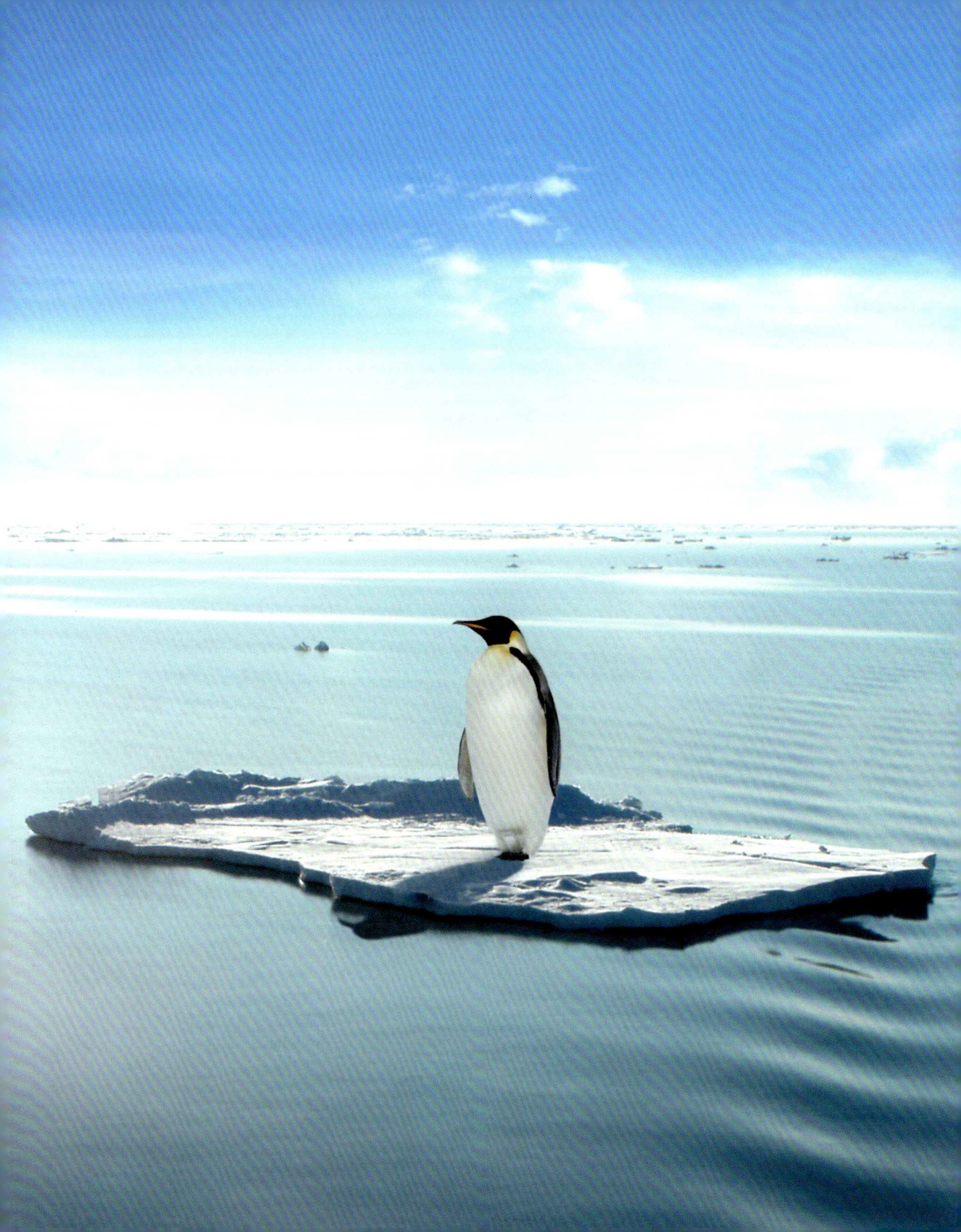

体验极地奥秘

晕在离奇幻日时

　　后羿射日是中国古代神话传说，传说那时天上出现了10个太阳，10个太阳的热量让地面上的万物无法承受，植物焦枯，动物隐迹。力大无比的勇士后羿，拉弓开箭，射掉了9个太阳。当然，神话毕竟是神话，我们无法目睹那种满天太阳的景象。然而在极地，却可以亲身感受众多太阳带来的眩晕，这便是幻日。

　　幻日可以理解为太阳的幻象。它是大气的一种光学现象。在两极地区，天空出现的半透明薄云里面，有许多飘浮在空中的六棱柱状的冰晶体，偶尔会整整齐齐地垂直排列在空中。当太阳光照射在这一根根六棱冰柱上，就会发生折射现象，抬头望去，人们会看到多个太阳齐聚天空，一时间，不由

> **日晕**
>
> 　　在南极，大气中充满了无数的冰晶体，它们就像透明的水晶一样，将阳光散射开来，形成环绕太阳的美丽光环，这种现象称为日晕。

↓ 幻日

得感到一阵眩晕。根据幻日形成所需条件，只有同时具备太阳、风雪、薄云和-30℃以下气温的条件，幻日景象才能显现。

有时，在日晕两侧的对称点上，冰晶体发射的阳光尤其明亮。如果出现并列的太阳，光芒四射，炫人眼目，这就是奇妙的幻日了。中国南极中山站于1997年就曾观测到幻日现象。

极地蜃景

美国科学家曾在一次南极考察中，在距离营地几千米处的冰礁上发现营地帐篷方向有许多高楼大厦，一座城市巍然耸立在眼前。当一片白云飘过后，城市随之消失，眼前依旧是一片空旷的雪地。除此而外，在南极，人们有时甚至能看到两次或三次日出和日落；船在云层里上下颠倒着行驶；在冰礁的中央，看到浮在水上的船只，烟囱上方轻烟袅袅；还可以看到巍峨的大山隐没在天际。这些无疑都是蜃景。

这些蜃景的发生，是由于极地冰川表面的空气温度低、密度较大，而距冰川表面较高地方空气温度较高、密度较小。空气上下层的差异显著，当来自实物的光线穿过密度较大的空气遇到上层密度较小的空气时，不能照原来的路线和方向穿过，便发生折射，形成抛物线形状的弯曲，两层空气便起到凸透镜的作用而使光线聚焦，从而像望远镜一样将远处的景物"拉"近到人们的视线之内，于是在实物前方上空就会出现原物的虚像。南极冰雪世界像一间四周镶满镜子的大厅，曲折反射光线，形成较多的蜃景。

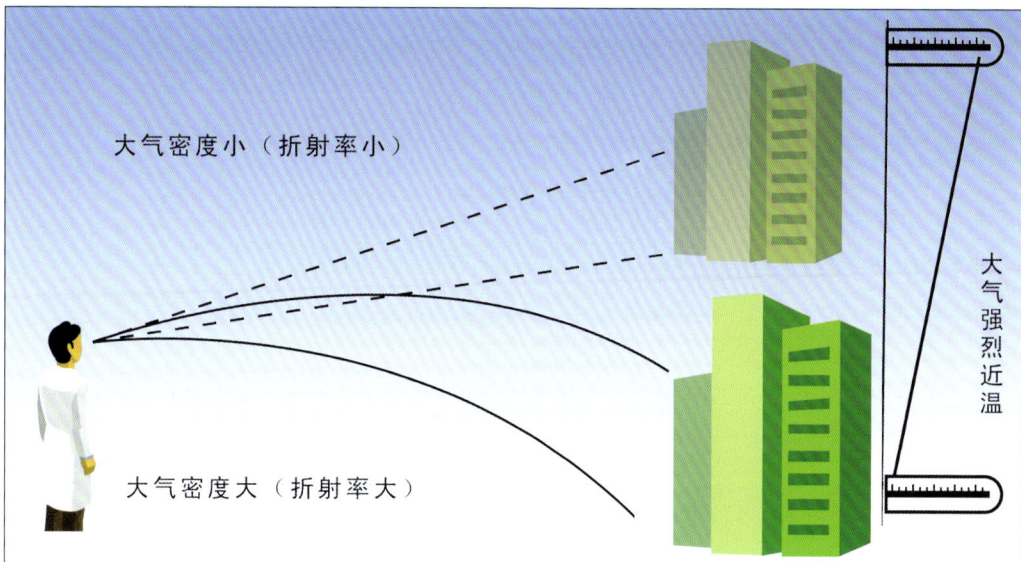

大气密度小（折射率小）

大气强烈近温

大气密度大（折射率大）

↑蜃景示意图

　　在北极也不乏这种蜃景。2009年7月，绿色和平组织的"极地曙光"号就曾在行驶至凯恩海湾附近海域时遭遇海市蜃景，航船前方的海平线上出现无数冰山的幻象。拥有超过30年冰海航行经验的水手表示，这种海市蜃景是由于海面空气的温度明显比高处空气的温度高造成光线折射而成，这种情况在夏天的北极海面比较常见。

Link

北极阴霾

　　北极阴霾（简称北极霾），是从20世纪50年代开始，在北极上空经常出现的一种淡褐色低空云团。远远望去，就像一团烟雾。

　　目前有研究认为，阴霾是由水蒸气、冰晶和悬浮在空中颗粒很小的固体、飘尘、粉尘组成。由于北极冬季存在稳定冷高压，云团在空中容易持久不散，当云团与中纬度地区飘来的固体飘尘、粉尘等污染物相结合，就形成了北极阴霾。

　　有研究称，北极阴霾中的固体飘尘主要来自环北冰洋地区，其主要成分是硫化物和重金属化合物，还有碳化物、氮化物和碳氢化合物。这些组成物质主要是由人类燃烧煤、石油及冶炼硫化物产生的。

　　近几年，北极阴霾越来越浓，在一定程度上给北极植被和生态环境带来威胁。

↑北极阴霾

迷失于乳白天空

或许有很多人喜欢白色，因为它象征纯洁和神圣。在南极，有一种天气，名字非常好听，叫做乳白天空。这真是一个让人心旷神怡的名字，仿佛溢满了牛奶的芬芳。但是不要急着欢喜，若你真的遇见这样的天气，恐怕你就再也不会喜欢白色了。

乳白天空又叫白化天气，是极地的一种天气现象，也是南极洲的自然奇观之一。它由极地的低温与冷空气相互作用而成。当阳光射到镜面似的冰层上时，会立即被反射到低空的云层。低空云层中无数细小的雪粒又像千万面小镜子将光线散射开来，再反射到地面的冰层上。光线如此来回反射，层层叠叠，往往生成一种令人眼花缭乱的乳白色光线，形成白蒙蒙、雾漫漫的乳白天空。倘若你身在其中，会觉得天地之间一片乳白，就像陷落在浓稠不化的奶昔里，失去方向感，一切景物都无法辨别，并且，你既分不清近景和远景，也看不清景物大小。掉进这种"迷魂阵"，一切都是混淆难辨的。智利探险家卡阿雷·罗达尔曾描述过这种迷失的感觉："我感到有一个光的实体向我移动，先是玫瑰红的，接着变成肉色的。这时眼睛疼极了，仿佛有人往我眼里撒了一把石灰，接着就什么也看不见了，受损的视力3天后才恢复过来。"

在极地上空飞行的飞机，驾驶员也会因为分不清天上、地下而失控，历史上有很多飞机在极地失事皆由此引发。1958年，在埃尔斯沃尔基地，一名直升机驾驶员就因为遇到这种可怕的乳白天空不幸坠机身亡。1971年，一名驾驶"LC-130大力神"飞机的美国人，在距离特雷阿德利埃200千米附近的地方遇到了乳白天空，突然坠机，从此下落不明。在野外工作的考察队员如果遇到突如其来的乳白天空也很危险，因迷失方向而引起的事故屡屡发生。因此，当遭遇乳白天空时，地面人员最为安全的应对措施就是原地不动，这里的原地不动并非指坐以待毙，而要注意保暖，耐心地等待乳白天空走过，或者是救援人员前来营救。

这样的白色，你还有勇气去喜欢吗？

奇妙极昼与极夜

对于南、北两极来说，最为人乐道的莫过于它们独特而漫长的极昼和极夜了。极昼和极夜可以说是独属于南、北两极的个性标志。所谓极昼，就是太阳永不降落，天空总是亮的；所谓极夜，与极昼相反，太阳总不升起，天空总是黑的。"日出而作，日落而息"的生活节律，以及昼夜更替，在极昼和极夜期间是"失灵"的。

极昼和极夜发生在南、北极圈以内的区域，而在极圈上，极昼与极夜均只出现一天。极昼与极夜的产生得益于地球的自转和公转。地球在自转时，地轴与地球公转轨道平面的垂线形成一个约23°26′的倾斜角，因而地球在公转时便出现有6个月的时间，两极之中总有一极面朝太阳，全是白天；另一极背向太阳，全是黑夜。每年，南、北两极的极昼、极夜是交替出现的。昼夜交替出现的时间是随着纬度的升高而改变的，纬度越高，极昼和极夜的时间就越长。极圈到极点之间，越靠近极点，极昼、极夜的时间长度越接近半年；越靠近极圈，极昼、极夜的时间长度越接近一天。也就是说，在极圈内的地区，纬度的不同，极昼和极夜的长度也不同。

这些科学的解释或许有些抽象，你可以尽情发挥想象力来畅想。极昼时太阳在地平线之上的低空盘旋，如同一盏移动的长明灯。接连不断的白天使人们的精神相对兴奋，不易察觉光阴流逝，也不易感觉到疲惫；即使是睡觉，也能天天做白日梦。在这些过不完的白昼，你完全可以走出门去饱览极地风光。极夜降临后，你总是不停地拉开窗帘，盼望白天的到来。

↑极昼

↑极夜

那些出门逛街、看电影等娱乐活动也只能被取消，唯有待在家中，守望一堆炉火，慢慢熬过那冰冷乏味的漫长极夜。

　　缓慢的极昼和极夜，会令人们真切感受到日月"不"如梭。尤其是在漫长的极夜，人们待在家里反复拉开窗帘期盼第一缕阳光，思考着。凝滞不动的长夜将如何打发，既然无法像北极熊一样冬眠，就趁此机会去欣赏一下美丽的极光吧。

极昼、极夜同季节的关系

　　北极圈极昼、南极圈极夜出现在北半球夏季，南半球冬季。

　　北极圈极夜、南极圈极昼出现在北半球冬季，南半球夏季。

壮美极地

Link

世界寒都——日甘斯克

日甘斯克：位于俄罗斯西伯利亚东部、北纬约67°的地方，这个北极圈内的村庄号称地球上有人居住的最寒冷的小村，冬天气温降至-60℃，最低气温可达-70℃；即使在仲夏，地面温度一般也不超过6℃，素有"世界寒都"之称。这里的自然条件极端恶劣，时常寒风凛冽，到处是积雪冰凌，磁暴频频，宇宙射线强烈。但在日甘斯克村，可以饱览极昼和极夜的美妙景象，还有那瑰美极光。夜空中那些颜色鲜艳的光带，组成一块块巨大的彩幕，缥缈游动，百般变幻，令人如临仙境。在日甘斯克，有时可以遇到较大的冰晶粒随风飘散，漫天飞舞的冰晶在阳光中形成五彩缤纷的光带，仿佛陷落在美不可言的童话世界。在冰晶云的折射下，偶尔还能出现离奇的幻日，在太阳的左、右、上，同时出现3个较小的"太阳"，四日当空，令人眩惑。因此，如果你想体验一系列奇异的极地景象，不妨去日甘斯克一游。

↑日甘斯克居民

醉在幻美极光下

　　美丽的孔雀拥有漂亮的羽毛，寒冷的极地拥有幻美的极光。极光这一术语来源于拉丁文伊欧斯，传说是希腊神话中"黎明"的化身。极光代表着旭日东升前的黎明，是大自然赐给人类的美好礼物。极光发生的时候，天空和大地都变成了如梦似幻的情境。相传，中华民族的始祖黄帝即轩辕，其母附宝，就是因受到北极光的感应，才孕有黄帝。极光也因为和一些神话传说连在一起而更令人神往。

事实上，极光是一种光学现象。

极光的形成须具备三要素：太阳风、地球磁场和高空大气。

极光发生原理：太阳放射出大量的质子和电子等带电微粒子（太阳风）进入地球磁场，这些微粒子以高速度射进地球外围的高空大气层里，同大气层中的稀薄气体中的原子和分子进行剧烈碰撞，从而激发出来的灿烂光辉。极夜期间，极光在地球南、北两极距地面100～500千米的高空随时可见。根据发生地点的不同，极光可分为南极光和北极光。

如此说来，只要太阳放射出大量的质子和电子等带电微粒子，这些微粒子进入大气层便产生了极光，那么极光也就随处可见了，不止出现在南、北两极。但事实并非如此，地球本身就像一块巨大的磁铁，它两端的磁极在南、北两极地区。当太阳放射出来的大量带电微粒子射向地球时，受到地球南、北磁极的吸引，纷纷涌向南、向北两极地区，所以极光也就集中出现在南、北两极了。

极光不只在地球上出现，太阳系内的其他一些具有磁场的行星上也有极光。美丽的极光有着绚烂的色彩，但这种色彩并不是极光本身带来的，主要是由于地球周围的大气中含有不同的气体分子，当从太阳来的带电微粒子与不同的气体分子冲撞时，就发出不同颜色的光。极光的颜色还取决于带电微粒子相互碰撞的空间高度和这些带电微粒子的波长。极光形体的亮度变化也是很大的。当太阳黑子多时，极光不仅出现的频率变大，亮度也会增强。

Link

天象之谜——极光

很久之前，极光是人们无法解释的天象之谜，古往今来，也就出现了对极光层出不穷的猜测和不懈探索。古代，北极圈内的芬兰人把极光称为狐火。因为那里是北极狐的故乡，当人们看到漫天的流光溢彩时，就认为那是无数皮毛发亮的北极狐在芬兰北部的拉伯兰地区的高山中奔跑。从古希腊一直到罗马帝国，人们都相信北极光是战神手执的盾牌射出的光辉。每当地球上发生一次战争，战神就手持盾牌，带着天兵天将把战死在沙场上的亡魂护送到奥林匹斯山上的英灵殿中。在因纽特人那里，他们认为极光是鬼神引导死者灵魂上天堂的火炬。13世纪时，人们又把极光认作格陵兰冰原反射的光。到了17世纪，人们才称它为北极光——北极曙光，隐约意识到它可能是极地地区发生的一种天象。随着科技的进步，科学家才破解了极光的身世。如今，人们不仅能在地面观测极光，也可以在太空中捕捉壮丽极光的曼妙身影。

极光如此变幻不定，是不是就不能区分了呢？

在这些千姿百态、千变万化的极光中，科学家按照极光形状特点的不同，将其分为五大类：

一是底部整齐、微微弯曲的呈圆弧状的极光弧；

二是有弯扭褶，宛如飘带状的极光带；

三是如云朵一般片朵状的极光片；

四是面纱一样均匀的帷幕状的极光幔；

五是沿磁力线方向呈射线状的极光芒。

极光虽美，但也会给人们带来意外的干扰。产生极光的高能粒子会使罗盘失效，使通讯卫星运行失常。1989年，太阳引发的一场地磁风暴就使得加拿大魁北克的600多万居民遭受断电之苦。

极光

清点极地矿藏

极地家产知多少

不要以为极地只有冰雪和酷寒环境，事实上，极地非常富饶，蕴藏着无数的宝藏。

南极冰雪下隐藏的矿藏相当可观。从种类上看，南极洲蕴藏的矿物有220余种。据已查明的资源分布情况来看，煤、铁和石油的储量均为世界第一，其中煤资源储量至少有5 000亿吨，几乎占世界煤炭储量的一半。

在资源总量日益减少的当今世界，南极无疑是一个"聚宝盆"。如果你想去南极寻宝，一份"藏宝地图"是必不可少的。

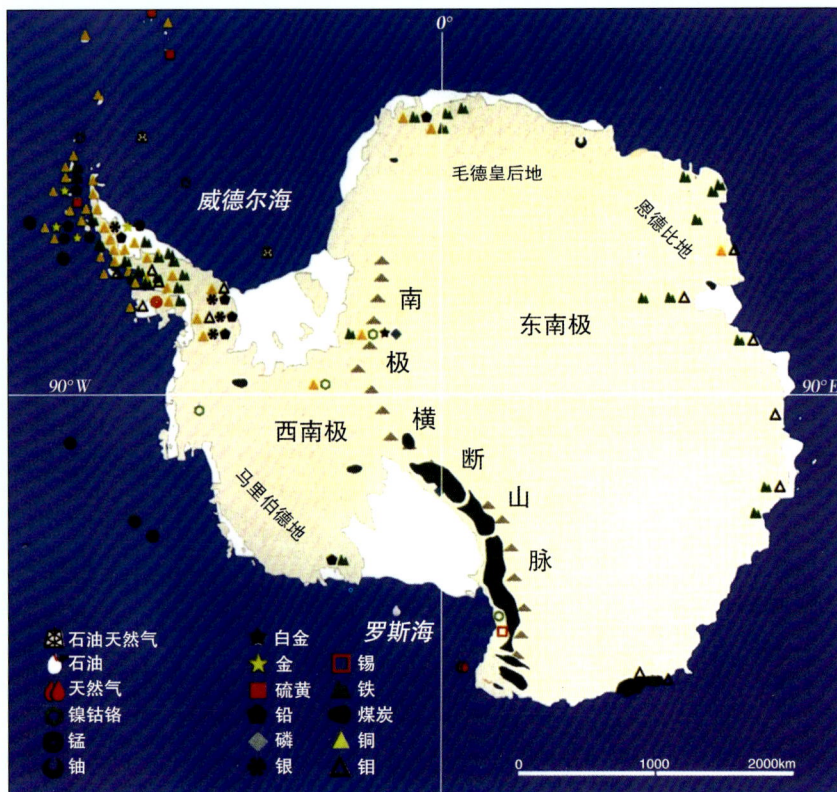

↑南极矿产分布图

南极的有色金属

南极的有色金属主要分布在西南极洲，主要矿产为铜，也有铁、铅、锌、金、银等。南极的主要矿化地区是南设得兰群岛的吉布斯岛和乔治王岛。所谓的矿化地区，是指它含有矿产的储存和显示，但还达不到工业开发的标准。20世纪70年代又在南极半岛和周围岛屿上发现了各种小型的有色金属矿，其中的斑岩型铜矿和世界闻名的智利铜矿类型相同。

↑ 斑岩型铜矿

南极石油和天然气

南极地区石油储存量为500亿~1 000亿桶，天然气储量为30 000亿~50 000亿立方米，主产地在罗斯海、威德尔海、阿蒙森海、别林斯高晋海，以及南极大陆架。

如果你对南极的藏宝情况还是不甚明了，那么完全可以去请教科学家，他们会坦诚相告。但是就算他们将上述"机密"泄露给你，恐怕你也无法将宝藏挖掘回来。远渡重洋，历经万险，除去巨额的成本之外，一些法律条文如《南极条约》已明确规定，南极的资源属于全世界，目前禁止开采。

查尔斯王子山脉下面藏有世界最大的铁矿床。据科学家勘测，在晚太古至元古代，查

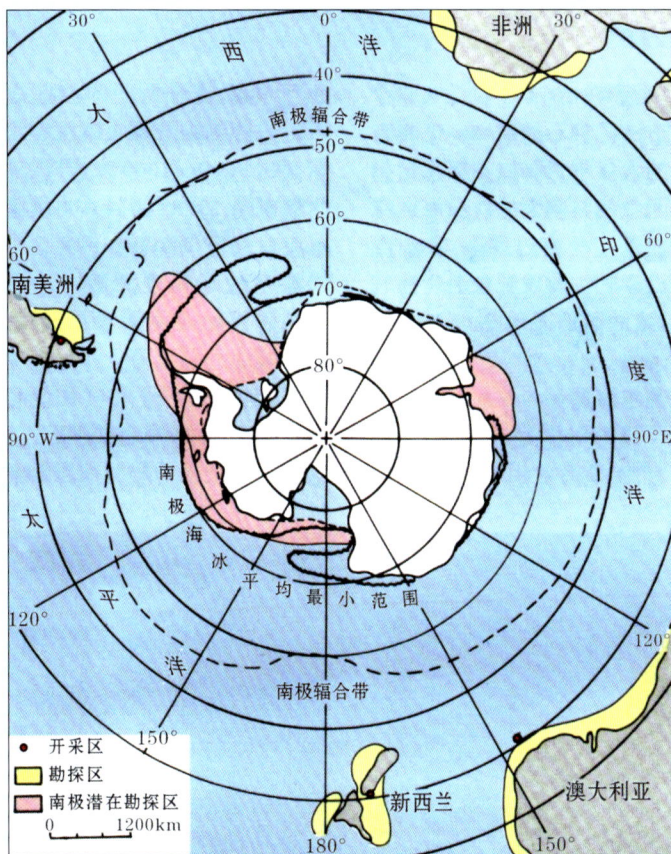
↑ 南极大陆及其毗邻地区的石油开采区

尔斯王子山脉南部的地层内有一条厚70米，长120～180千米，宽5～10千米的条带状富磁铁矿岩层，矿石平均品位为32%～58%，是具有工业开采价值的"富铁矿床"。初步估算，其蕴藏量可供全世界开发利用200年。

因为气候变化，冰层融化使企鹅繁殖后代的场所不断变小，食物来源也减少了，许多企鹅濒临险境。然而就在它们的脚下，那些深深埋藏的宝藏或许会在不远的将来吸引人们前来开采。到那时，不知又会给企鹅带去怎样的灾难？

北极资源

虽然北极地区大部分是北冰洋的领域，但北极的资源总量绝对不可小觑。

北极地区煤的储量约为16 000亿吨，可采石油储量为1 000亿～2 000亿桶，天然气为500 000亿～800 000亿立方米。煤、石油、天然气和金属矿物的蕴藏量约占世界总蕴藏量的1/3。

现已发现两个理想的油气埋藏结构：拉普捷夫海和加拿大群岛周围海域。勘探活动最活跃的地区是北冰洋的加拿大海域，探明储量最多的是波弗特海。北冰洋底还有丰富的多金属结核、锡和硬石膏矿等。如此看来，北极也是一个了不起的聚宝盆。

南极大陆的主要成矿区

美国根据地质调查把南极大陆划分为3个主要成矿区：

安第斯多金属成矿区，主要为铜、铂、金、银、铬、镍、钴等矿产。

横贯南极山脉多金属成矿区，主要为铜、铅、锌、金、银、锡等矿产。

铁矿是南极大陆发现储量最多的矿产，主要分布在东南极洲。除铁矿外，东南极洲尚有铜、铂等有色金属，并发现金伯利岩。

↑ 多金属结核

↑ 硬石膏矿

极地家产可否用

相对于南极封存得较好的资源，北极的矿产早已被开发利用。北极圈内有8个国家的领地，面对丰富的资源，哪有闲置不用的道理？于是，周边一些国家已经开始进行大规模开采。比如，美国在阿拉斯加西北岸建立了世界上最大的锌矿开采基地，而在俄罗斯的东西伯利亚，有世界闻名的诺里尔斯克镍矿综合企业；加拿大原本不是钻石生产大国，但最近15年里，仅凭北极地区新开发的3个钻石矿，就已跻身世界钻石产量的三甲之列。

近年来，北极开发愈演愈烈，甚至出现了哄抢的势头。加拿大、俄罗斯、美国、丹麦、挪威等国对北冰洋的明争暗抢由来已久，各国都在搜集证据，证明自己大陆架向北极延伸，其领海应延伸至距海岸线200海里之外。2007年8月2日，俄罗斯科考队潜入北冰洋洋底，并插上一面钛合金制造的俄罗斯国旗。此举表明了其对北极的占有欲望，也将以往海上空间的争夺延伸至海底。美国、加拿大、丹麦等国也不甘示弱，先后建立军事基地、进行军事演习等主权宣示行动，不仅造成彼此关系紧张，更使得北冰洋这片原本宁静的水域成为大国争夺的"新战场"。种种新花样的外衣下，其根本目的不过是为了贪婪地占有极地资源，丝毫不会在意竭泽而渔留下的惨痛后果。

与北极相比，南极可能幸运一些。虽然发生过七国之争，但也不过是口头上的争抢。也许是因为恶劣的自然环境，或者是远渡重洋的高成本，觊觎南极资源的国家还未有实际行动。因此，南极得以暂时保持纯净和宁静。不过，每个国家的资源都是有限的，也必将会有山穷水尽的一天，到那时，人类的延续与发展需要启用南极这一宝库。从这样的意义上来看，南极是人类生存的希望。

面对富饶的极地，我们需要明确一件事情：极地的资源，我们暂时不能使用，至少不能滥用（即使是北极正在开发，仍需作长远

↑ 环北冰洋的地区及国家

的规划，有节制，懂克制）。地球上仍有一些因竭泽而渔遗留的"伤口"，这是醒目的提示。为了保护极地，联合国已对南、北极有了明确规定，禁止无节制地开采极地宝藏，因为那是地球留给子孙后代最后的家底。

　　纸上学来终觉浅，绝知此事要躬行。在我们粗略地介绍了两极的情况后，如果你的好奇心依然未解，那么就趁你心中那股凛然的英雄之气，扬帆出海，向着极地进发吧！

南极风光

Link

南、北极差别知多少

如果你想去南极或北极旅行，下面对它们的差距对比或许可以帮你敲定第一站。

谁的模样更美丽

白盖头：南极是一块孤立于海水中间的高原陆地，其中绝大部分都被数百至数千米的冰层覆盖，是当之无愧的白盖头。

聚宝盆：北极是一片由大陆和岛屿群环绕而成的大洋盆地，是名不虚传的蓝色聚宝盆。

相比较而言，北极聚宝盆里的物种更繁多，热闹非凡。

谁的情形更"糟糕"

答案是南极。首先，南极的气温更"糟"。北冰洋的海水较之南极大陆冰盖能更有效地吸收和存储来自太阳的光热，因此，南极更冷。其次，南极的风速更快、更猛。

相比之下，二者各有千秋，南极鲜有人至。白盖头恶劣而神秘的环境，着实吸引着富有冒险精神的你去一探究竟；北极繁多的物种和相对安全的环境，富饶的聚宝盆也召唤你去。如果你还是拿不定主意，那不妨再去多多搜集有关南、北极的信息吧。

↑北极风光

踏上南极

Setting Foot on the Antarctic

　　南极，冰雪封盖的白色王国，和谐静谧的企鹅家园，人类最晚涉足的神秘地域。从遥远的太空投注俯瞰的目光，南极，就像一头圣洁的"大象"，已在地球的最南端寂寞地等了你很久。勇敢而无畏的人，就让我们一同起航，向南极进发，去触摸那圣洁的"大象"，一探神秘雪国的究竟吧！

雄壮南极

苍茫雪原

借助地图，可以直观地看到银色的南极，它的大部分区域都处在南极圈内。这块地球最南端的冰雪大陆，有着多项世界纪录。

最孤独的大陆——不与其他大陆接壤，太平洋、大西洋、印度洋将其团团包围，与世隔绝。

最高的大陆——平均海拔2 350米，其最高点文森峰海拔5 140米。

最大的高原——总面积1 300万平方千米，远远领先于巴西高原的500万平方千米，是世界上最大的高原。

最多冰川的大陆——被98%的冰雪覆盖，仅有2%的露岩区，被称为"冰极"。

最寒冷的大陆——世界上记录到的最低温度-89.2℃，被称为"寒极"。

最"风狂"的大陆——沿海地区的平均风速为17～18米/秒，东南极大陆沿海风速可达40～50米/秒，最大风速达到100米/秒，被称为"风极"。

最干燥的大陆——降水量低。据观测记录，整个南极大陆的年平均降水量只有55毫米。南极点附近的年降水量近于零，与非洲撒哈拉大沙漠的降水量差不多，是名副其实的"白色沙漠"。

最晚被发现的大陆——综合各种极端的自然条件，南极成了地球上人类最晚涉足的地域。

最荒凉的大陆——地球上唯一没有任何树木的大陆。

……

暂时搁下南极头顶的诸多桂冠，总体看来，整个南极是"大洋环冰"的模样。

"南大洋"指环绕在南极大陆周围的大洋，是由太平洋、大西洋和印度洋南部相连通的海域。

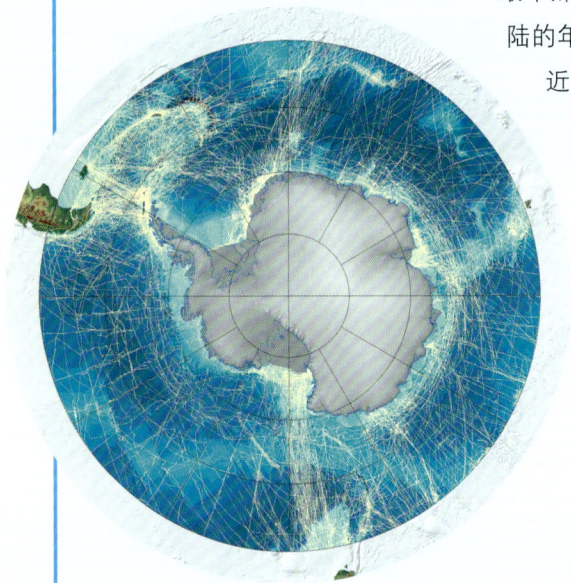

"冰"主要指南极大陆。自罗斯海至威德尔海的南极横断山脉将南极洲一分为二。东南极洲面积较大，冰下基岩是个古老的地盾，海拔高度在海平面以上，只有威尔克斯地是盆地。西南极洲面积较小，由若干小板块组成，多有褶皱，地形以山地、高原和盆地为主。如若脱去厚厚的冰盖外套，东南极洲是一块完整大陆，西南极洲则是较多的海岛。

南极大陆本是脱胎于古冈瓦纳大陆的核心地盾，经过亿万年的地壳运动，古冈瓦纳大陆逐渐分化为非洲板块、南美洲板块、印度板块和澳洲大陆。现在，距离南极洲最近的大陆是南美洲，二者原是胞兄胞弟，如今只能隔着德雷克海峡遥遥相望。

南极洲现今模样：多山的南极半岛、罗斯冰架、菲尔希纳冰架和伯德地。

南极绿洲，并非是郁郁葱葱的树木花草之地，而是南极探险家、科学家由于长年累月在冰天雪地里工作，当他们发现没有冰雪覆盖的地方时，不禁倍感亲切，便将这些地方称为南极绿洲。南极绿洲占南极洲面积的5%，有干谷、湖泊、火山和山峰。按照这个定义，在南极可称作绿洲的有班戈绿洲、麦克默多绿洲和南极半岛绿洲。

在南极洲冷峻的面孔下，也不乏款款细流带来的柔情。夏季冰雪融化，水流汇聚成河，但一到冬季，河流就会因凝结成冰而消失。地处东南极洲怀特岩的奥尼克斯河，算是南极大陆上的最大河流。南极洲还拥有众多湖泊，湖泊可分为咸水湖和淡水湖。咸水湖又叫做盐湖，在大陆的周围随处可见。较有名的有唐胡安湖，湖水含盐度极高，每升含盐量可达270余克，即

Link

班戈绿洲

1974年2月末的一天，一架美国飞机在南极大陆的南印度洋沿岸上空飞行，领航员班戈突然发现飞机下面有一片无雪的土地，高高的冰墙围绕着山谷，像一个扇形的屏风。山谷中没有积雪的土地，中间分布着一些不冻的湖泊，给这个白色的冰雪高原带来无限生机。这就是南极洲有名的班戈绿洲。

使在–70℃，湖水也不会结冰。还可据湖面
冻结情况将湖泊分为三类：一是冰下湖，即
被冰雪封冻在冰层与岩石之间的湖泊；二是
夏季湖面解冻的季节性湖泊；三是冬季湖水
也不冻结的湖泊。其中，埃迪斯托卡卡本湖
是南极面积最大的湖泊。

南极冰下湖

厚厚的南极冰盖下已发现150个湖泊。
冰盖将湖泊与外面的世界隔绝，湖泊里面孕
育着许多未被人类所认知的生命。东方湖，
位于南极俄罗斯东方站附近4 000多米厚的冰
层下，至少被封藏了50万年未与大气接触，
是南极洲所有冰下湖中最大、最深且最与世
隔绝的一个。东方湖的湖水氧气含量极高，
并保持着全球最低温度–89.2℃的纪录。近
年来，俄罗斯科学家通过钻取冰芯等方式致
力于东方湖的科学研究。

↑埃里伯斯火山

↑东方湖

冰火两重天

水火本不相容，在南极洲冰火却能"相安"。南极冰盖下，隐藏着众多火山，值得一提的是两座活火山：欺骗岛火山和埃里伯斯火山。

世界最南端的温泉——欺骗岛：位于南设得兰群岛上，是一片黑色火山岩形成的小岛。据说，20世纪初的某天，南极海域大雾弥漫，有人偶然发现雾中有个岛，可海水一涨，这个岛又不见了，"欺骗岛"的名字由此而来。

1967年12月4日，欺骗岛火山突然爆发，顷刻间，岛上所有的建筑物被摧毁。其中，智利、阿根廷、英国的3个科学考察站立时化为灰烬，挪威的一座鲸鱼加工厂被吞没，英国的一架直升机被埋进火山灰里，汹汹阵势不言自明（这次火山爆发给人们心理上造成的创伤，使得科考站仍未重建）。据说岛上的企鹅、海豹在火山喷发前早已"笨鸟先飞"，逃之夭夭。

地球最南端的火山——埃里伯斯火山：位于罗斯海西南的罗斯岛上，是南极大陆最大的活火山。1841年1月28日，罗斯率领的船队发现了它并以一艘船的名字为其命名。埃里伯斯火山的海拔高度约为3 794米，有4个喷火口（其中2个已熄火）。它的山体形状和富士山相似，主火山口呈椭圆形，直径500～600米，深100多米，四壁坡陡，里面有熔岩湖。

如今，2座火山暂时熄火，都成了旅游胜地。欺骗岛附近可以提供温泉洗浴，埃里伯斯火山更是吸引探险家、医学家、植物学家、登山族等到此一睹芳容。

南极火星地带

　　一提到南极，人们首先想到的是它的冰雪外衣，但在南极洲有约4 000平方千米的区域无冰雪覆盖，而是分布着许多异常干燥的山谷，这些山谷被称为麦克默多干燥谷。这里是地球上最干燥的地方，空气中几乎没有一丝水汽，有200多万年没有降水了。干燥谷本是由冰川雕刻而成，但随着冰川后退，谷底和谷壁渐渐暴露出来。谷壁最上层通常由巨石、砾石和卵石构成，风化作用明显，下层由于冰层的作用结合得非常紧密。科学家预测，这里是地球上最像火星的区域。

厚重冰盖

千里冰封，万里雪飘，山舞银蛇，原驰蜡象。一阕《沁园春·雪》引领人们从字面上体味了南极之雄壮。这雄壮气魄在于亿万年造就的孤傲气势，在于寒冷历练出来的顽强精神，更在于那些跟随岁月的脚步积淀而成的巍峨冰川。冰川，是南极最为醒目的标志！

现在，让我们拉近镜头，一睹南极冰川的风采。

先来看覆盖领域最广、赫赫有名的冰盖。整个南极大陆98%的区域被一片直径为4 500千米的巨大冰体所覆盖，人们称其为冰盖。南极冰盖覆盖面积约1 398万平方千米，平均厚度为2 000～2 500米，最厚的有4 200米，总体积达2 450万立方千米。因在外观上酷似帽子，又被称为南极冰帽。

冰冻三尺，非一日之寒。南极的降水量极少，加之气温极低，才得以把细微的降水（主要是雪粒）以固态的形式留存，经过千万年的积淀，南极冰盖巍然竣工。

不要以为南极冰盖只是个笨重凝固的大家伙，事实上，它是不停流动的。南极冰盖本身的巨大重力和压力，以及终年不歇的狂风推波助澜，在冰雪融水的悄然润滑下，冰层从中心高原向四周缓慢运动，冰盖的厚度也由中心高原向四周渐次变薄。在运动的路途上，大陆基岩地形影响了冰的运动和形态，当运动中的冰层遇到高山阻拦，就流入山谷中，形成流速较快的冰河。

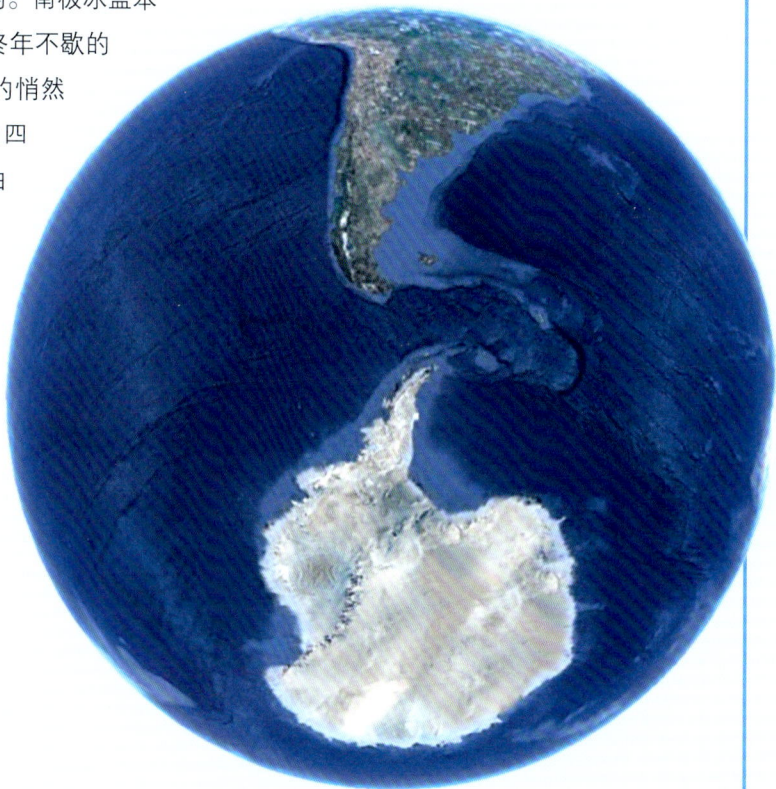

暗藏杀机

南极冰盖不像我们见到的冰块那样平滑，经受寒风日复一日的雕琢，冰盖表面形成了许多不规则的雪垅，就像中国的黄土高原一样千沟万壑。这些沟壑，尤其是冰裂缝里常常暗藏杀机。南极冰盖上的冰裂缝是坑人的陷阱。这些由于冰川流动错位而成的裂缝，经常有规律地成组出现。这些陷阱，震慑着各国科考队员，因为一旦落入冰裂缝的"大嘴"，生还的希望微乎其微。当然，尽管人们小心翼翼，跌落其中的事情还是屡屡发生。这些宽达几米、深不可测的冰裂缝上只要稍稍披着点雪，就具有蒙蔽性，人们一时不察，就会深陷冰图。

↑ 冰洞

↓ 血冰川

血冰川

南极洲麦克默多干燥谷惊现"血冰川"。"血冰川"最初被认为是某些藻类生长所致，后经科学家证实是铁的氧化所致。冰川喷出的红色液体源自于冰下396.24米富含盐分的盐湖。新研究发现，有细菌生存于此，并依靠硫与铁的化合物生活。但不论真相到底怎样，这触目的血红活像南极冰川撕裂的伤口，引发人们诸多联想和思索。

由于重力和地形的原因，冰川向陆地边缘移动，在陆缘破裂，最终进入大海，大者称为冰山，小者混迹于浮冰。

南极冰盖犹如一卷厚重的史册，里面封冻着生命的原始密码和神秘的地球信息。科学家们在研究南极冰盖时，大多采用钻取冰芯样品的方法。从冰芯样品中，科学家们不仅可以测定冰川的年龄和形成过程，还可以得到相应历史年代的气温、降水、二氧化碳等大气化学成分含量，真可谓窥一冰知全貌，帮助人类回溯古气候和古环境的遥远脉搏。

日本第47次南极观测队于2006年1月24日在日本南极"富士圆顶"观测点成功钻取了南极冰盖以下3 028.5米的冰芯，预计冰芯样本中可能包含100万年前的气候数据，这也成为人类目前在南极钻取的最古老的冰芯。

中国第26次南极考察中，考察队员经过近20天的不懈努力，在南极"冰盖之巅"——海拔4 093米的冰穹A地区钻取了一支超过130米长的冰芯，创造了冰穹A地区浅冰芯钻探的新纪录。通过研究这支冰芯，可以洞察五六千年以来地球环境的变化。

断裂冰架

从南极冰盖向外围走去，与海水接壤的部分，便是冰架的领地。

我们知道，南极冰盖从内陆高原向沿海地区滑动，形成了几千条冰川。冰川入海处形成面积广阔的海上冰舌。换句话说，冰架是南极冰盖伸向海洋的外延物，除边缘外终年既不破碎，又很少消融。南极沿岸44%的水域存在冰架，占南极冰盖总面积的10%，平均厚度为475米左右，较大的冰架有罗斯冰架、菲尔希纳冰架、龙尼冰架和亚美利冰架。如果加上这些冰架，南极大陆面积可扩增150万平方千米。

冰雪在冰盖和冰川上不断累积，而冰架的最前沿又在不停断裂，就好像后方在建设、前方在破坏一样，但自然界也正是通过这样的循环，才保持了南极冰、雪、水三者间的平衡。据估算，每年从南极冰盖崩裂入海形成的冰山有50亿吨，其中由冰架送出的冰山占了84%。可见，南极冰架是南大洋上冰山的主要来源。

↓冰架

Link

剪掉守护神的指甲

"守护神B"（Larsen B）冰架面积3 250平方千米，从2002年1月底开始的短短35天内，这个庞然大物不断崩塌，近1/4的部分脱离大陆本体，在威德尔海内形成了几座冰山。

冰架向外扩展，冰山从冰架前端分离，这是维持冰架物质平衡的主要机制，这一过程曾被比做"剪指甲"。平均每隔几年到几十年，冰架就会完成"指甲生出被剪掉"的周期。然而，现在"守护神B"的"指甲"生长速度远远落后于被剪掉的速度。1986年以来，拉森冰架消失的面积超过8 500平方千米。针对这一现象，科学家们大都把罪责推在全球变暖上，而那些被剪落的冰山浮游在海面上也让人开始意识到全球变暖可能导致的后果了。

壮丽冰山

如果说冰盖的延伸物是冰架，那么，冰山就是冰架的派生物了。在南极周围的海洋——南大洋中，漂浮着数以万计的冰山，其体积之大、数量之多远远超乎人们的想象。据统计，南大洋的冰山约有218 300座，平均每个冰山重达10万吨。由于体积大，海面温度低，南大洋的冰山一般可以维持10年左右不会消融。目前已知世界最大的冰山是B15，是2000年3月从南极罗斯冰架上崩裂下来的。

南极的冰块能以2 500米/年的速度移向海洋，在它的边缘，断裂的冰架渐渐漂移到海洋中，形成巨大的冰山。这些冰山大小不等，通常是平台状冰山，它起源于陆源冰和冰舌。此外，还有圆顶型、倾斜型和破碎型的冰山。这些巨大的"浮游物"，在海上看起来似乎是静止的，实际上它随着海流的方向移动，在海面上漂移度日。

当然，冰山不仅能在海上漂移，还会一系列高难度动作，如分裂、坍塌、翻转等，花样颇多。中国南极中山站周围的冰山群附近，经常会上演各种节目。1998年2月，一个体积巨大的冰山翻转，距离它几千米远的"雪龙"号船左右摇摆了十几度。冰山造成的危险无须多说，仅就发生在北极的悲剧——"泰坦尼克"号沉没，便足以警示我们：珍爱生命，远离冰山。

拖往干旱的地方

地球上有很多极度缺水的地方，如西亚、非洲的部分国家。这些缺水的国家不得不打起冰山的主意。

1973年，两位异想天开的人士威克斯和坎贝尔探讨了运送冰山到世界缺水地区的设想。1977年，第一届国际冰山利用会议在美国召开，将冰山拖往干旱地区的设想摆上桌面。但时至今日，也没有哪一个国家付诸行动。因为真要拖运这些冰山绝非易事，拖运船的马力问题、缺水国家的海岸接收问题。更何况，倘若经过气温高的地区，冰山可能会融化得一干二净。《老人与海》里的老人还能拖回一根巨大的鱼骨，要是拖运冰山的话有可能连冰碴也剩不下。

离家出走的冰山

一方面，人们在苦思冥想如何把冰山拖往干旱地区；另一方面，冰山已按捺不住，与其等待拖运，不如自己先行一步。

2009年11月12日，澳大利亚科学家在麦夸里岛附近发现了一座巨大的冰山，长约500米、高约50米。这座冰山向新西兰漂去，途中随时可能分裂成小块，威胁航运安全。紧跟其后，一连串冰山又出现在新西兰南部海域。尽管一些海洋学家认为，这些冰山可能和2006年发现的冰山一样，均为2000～2002年罗斯冰架分裂出的六座巨大冰山的一部分，但人们不禁要问：这些冰山到底为何前来，又将前往何处？

这些冰山的未来或许是碎裂分解，融化消失，但这些离家出走的冰山又引发了一系列问题，如冰山都走散了，企鹅怎么办？

漂摇海冰

南极海冰围绕着南极大陆，呈环形分布，且季节性变化明显，其面积在9月份达到最大值，在2月份达到最小值。冬季海冰面积约为夏季海冰面积的7倍。宽阔的海冰区偶尔会有未封冻的海面，被称为"冰间湖"。船只绝不可以贸然闯入冰间湖，因为随时可能被冻结在里面，无法自拔。1972年，俄罗斯一艘船在其东方站的外海被冻结滞留了100多天。自然，海冰变化也就成了南极航海行船的一个考虑对象。

其貌不扬的海冰在南极海洋生态系统中的作用可谓举足轻重。南极半岛水域的海冰下丛集着冰藻，冰藻吸引了来此觅食乃至定居的磷虾，磷虾自然而然地招来了众多以磷虾为食的动物。帝企鹅不仅要捕食磷虾，更要通过海冰这些踏踏板进入冰盖内陆，繁衍生息。在春季，海豹直接把海冰当做生儿育女的温床。缺少了海冰，南极就会了无生机。

美国科学家指出，根据卫星资料显示，过去30年，北极海冰面积不断减少，而南极海冰面积却神秘地增加了。近年来，随着气候变暖，全球水循环加快，使得南极附近的冰洋有了

更多的降水量。增加的降水量多以降雪形式出现。雪不仅使表层海水趋于平静，隔离了来自大洋下层的热量，减少了海冰下部的溶解量。此外，降落在海冰上的雪层也反射了大气中的热量，从而减少了上层海冰的融化。

根据对气候模式的预测，温室气体将在21世纪继续增加，这将导致海冰以更快的速度同时从上部和下部融化。美国科学家预测未来几十年之内，我们将可能看到南极的逆转，海冰面积开始逐步减少。

全球变暖日益成为影响地球未来命运的灾难。在南极，企鹅的生存更是难逃全球变暖的威胁。2008年7月，南极地区连续爆发反常暴风雨，导致成千上万只新生小企鹅被活活冻死。据估计，经此一难，南极企鹅数目将锐减两成。南极专家认为，这是气候变化给南极地区带来的又一灾难性影响。在哥本哈根联合国气候变化大会召开期间，南极科学家团体发表报告指出，全球变暖加剧，导致南极冰川加速消融。此前科学界所预测的2100年全球海平面上升30～40厘米的结果将提前50年到来。报告还指出，南极生态正遭遇严峻的考验，企鹅数量锐减。如果全球气温升高2℃，企鹅主要栖息地面积将减少一半甚至2/3。

↑ 浮冰

Link

倾听南极的声音

在欣赏完南极林林总总的冰雪之后，来听一段南极的音乐吧。

取一块南极冰，把它放入一杯水中，你将会发现如下情形：

冰块在融化时，会发出人耳能捕捉到的轻微声响；静静去听，那声音细如游丝，缥缈入云，一种说不出的空灵之感回荡耳畔。不仅如此，冰块还会在水面微微转动，像是应和着歌声的拍子在翩翩起舞。

为什么会发生如此情形呢？

科学上的解释是，南极巨大的冰盖是由数以万年计的冰雪累积而成，降落下来的雪花经过压实变成了冰山，原来雪花中的气体也被保存在冰里了，由于上面不断积累，气泡在巨大的压力下变成了高压气体。当冰块融化时，高压气泡破裂，自然就会发出动听的音乐，同时，也会推动体积较小的冰块旋转，碰撞水杯，仿佛是被封冻的歌唱家和冰清玉洁的舞者，逃出囹圄，获得了自由。

仁者见仁，智者见智。你从南极冰块的歌声中听到了什么？是酷寒南极亿万年的孤独，还是未来漫漫长路的焦虑？不论你听到了什么，作为地球大家庭中的一员，我们有责任和义务做一些力所能及，不危害南极冰川的事情，绝不仅仅是为了地球这一个冰冷的角落。

南极"种族"

冰雪王国的绅士——企鹅

动物名片

姓名： 企鹅（Penguin）

类别： 脊索动物门 鸟纲 企鹅科

分布： 南极大陆及南温带部分地区

繁殖： 雌性产卵，雄性孵化

食物： 磷虾、乌贼、小鱼

天敌： 贼鸥、豹海豹

寿命： 最长可达20岁左右

在南极洲一望无际的冰原上，居住着庞大的企鹅族群，它们占南极地区海鸟数量的85%。企鹅，是这块冰天雪地名副其实的主人。

企鹅的外貌极具个性，背黑腹白，像身着款款燕尾服的绅士；流线型身躯，略显肥胖；羽毛短小重叠，密接呈鳞状，与厚厚的皮下脂肪一起，防冻防水；翅膀成鳍状肢，适宜游泳；趾间有蹼，脚掌短平，到了水下，脚和尾巴一起调整方向。企鹅或者在原地发呆，或者在冰面上笨拙踱步，模样憨态可掬。在南极生活的万年岁月练就了企鹅不怕冻的能耐，也塑造了它们慢条斯理的个性。然

↑世界企鹅之王：帝企鹅　　　↑警官企鹅：阿德利企鹅　　　↑最美企鹅：浮华企鹅

而一旦到了水下，企鹅就会变身矫捷的游泳高手。以帝企鹅为例，它们可潜至500米深处，憋气12分钟，自由游弋，穿梭如飞。

　　从古至今，庞大的企鹅族群不停地繁衍进化。迄今为止，已知的企鹅有18种。其中，帝企鹅、阿德利企鹅、金图企鹅等7种分布在南极大陆上，其余10多种分布在南半球各大洲南部海岸和沿海岛屿上。各个种类的区别主要在于个体大小和头部色型。

北极也可以有企鹅吗

　　对企鹅来说，除狂暴的风雪外，生存的最大问题是其他生物的袭击。尽管南、北两极气候环境相差不大，但在北极，威胁企鹅生存的生物种类更多。可怕的北极熊、西伯利亚虎、北极狼和北极狐，都是"笨拙"企鹅无法抵御的敌人。在南极，对付凶残的贼鸥和豹海豹，已经让企鹅力不从心，还怎敢自投北极猛兽那穷凶极恶的罗网？

企鹅只生活在南极吗

　　通常企鹅被当做南极的象征，但并不是南极的"专利"。现存的企鹅全部分布在南半球，最多的种类分布在南温带。就算是南极大陆的"土著"——企鹅也会跟随寒流向北漂泊。南非南部的沿海岛屿、澳大利亚的东南海岸和新西兰的西海岸，甚至赤道附近厄瓜多尔的加拉帕戈斯群岛上，都有企鹅的踪迹。

从"绅士"到"爵士"

自20世纪80年代起，企鹅就是挪威国王卫队的荣誉成员和吉祥物。2008年8月15日，一只居住在苏格兰爱丁堡动物园的王企鹅"尼尔斯·奥拉夫"获得挪威王室册封，成为挪威历史上第一位长有翅膀的爵士。被册封的爵士身高1米左右，是第三只以"尼尔斯·奥拉夫"之名担任挪威国王卫队吉祥物的企鹅。它在册封当天还"检阅"了前来看望它的挪威国王卫队士兵。

南极出现悲壮一幕

据英国《每日邮报》2011年1月26日报道，摄影师考克斯在南极Riiser Larsen冰架捕捉到了一个异常罕见而又格外震撼人心的场面。照片中成群的帝企鹅俯卧在冰面上，看起来异常痛苦，似乎在为它们死去的幼仔集体哀悼，让人不忍心观看。

考克斯称，虽然目前还很难确定企鹅幼仔成批死亡的原因，但气候变化或食物短缺可能导致这一悲剧。

冰雪王国的海盗——豹海豹

动物名片

姓名：豹海豹（Leopard Seal）

类别：脊索动物门 哺乳纲 海豹科

分布：南极

繁殖：胎生、哺乳

食物：企鹅、鱼、磷虾等

天敌：虎鲸

寿命：平均为26年

豹海豹体型大，身上多肉，背部呈深灰色；腹部呈浅灰色。全身有黑色花斑，貌似金钱豹，因此得名。

豹海豹体态细长，一般长3～4米，体重300～500千克，雄性较雌性小。豹海豹性情极为凶猛，鳍肢发达，游速很快；前牙齿锋利，臼齿互扣来滤出磷虾；颚骨松韧，可以咬食大型的猎物；它们的头部肌腱发达，脖子灵活，嗅觉灵敏，善于突击猎物，如企鹅或其他小海豹。豹海豹生性凶残，是唯一以企鹅、幼海豹和其他温血动物为食的海豹科动物，所以，就连本族里其他种类的海豹也望而生畏，避而远之。

作为企鹅的死敌，豹海豹精通捕捉企鹅的"战术"。当它们捕食企鹅时，总是静静地埋伏在冰架下，待成群的企鹅跳入水中时趁机追猎。在水底捉住后，豹海豹便将企鹅拖出水面前后甩动，使其皮肉分离，再残忍地吃掉。

↑豹海豹捕食企鹅

↑威德尔海豹幼崽

南极地区有6种海豹，约3 200万只，占世界海豹总数的90%，是南极地区仅次于企鹅的第二大物种。它们栖息在南极海冰区、岛礁和大陆沿岸。其中，豹海豹、食蟹海豹、威德尔海豹和罗斯海豹为南极特有物种。别看海豹相貌丑陋、行动笨拙，但潜水能力十分了得，它们可以潜入600米深处，时间可达1小时之久。而且海豹的皮毛十分珍贵，丰厚的皮下脂肪更能提炼出高级润滑油。

中国南极长城站附近野生海豹冰雪中分娩

    2009年8月末，一只小威德尔海豹在中国南极长城站降生。在长城站油罐后边的冰面上，一只重达400千克左右的母海豹历经艰辛成功分娩。母海豹安静地趴在冰面上，略显疲倦，附近的冰上浸染了许多血迹。出生不久的小海豹背部灰褐色，腹部呈黄色，整个身体毛茸茸的，脖子处毛皮有点皱。小海豹充满了对世界的喜悦与好奇，到处张望，显得特别有活力。当小海豹爬得稍微远点时，海豹妈妈就会过来用肚皮压住小海豹的尾巴，使它不能再贪玩跑远。贪玩是小海豹的天性，它不时想挣脱，灵动可爱。海豹在南极−10℃以下的低温环境中分娩，让我们感受到了南极生命力的顽强！

海豹育子

壮美极地

冰雪王国的抢匪——贼鸥

动物名片

姓名： 贼鸥（Skua）

类别： 脊索动物门 鸟纲 贼鸥科

分布： 南极大陆

繁殖： 卵生、孵化

食物： 鱼、虾、企鹅

寿命： 约11年

未见此鸟，先闻其名，就已经让人觉得它绝非善良之辈。贼鸥通体灰褐色的羽毛，翅膀根部杂有一片白色；楔形尾翼，飞行迅捷有力；嘴喙短黑，微弯成倒钩，便于钩食猎物；眼睛滚圆，目光犀利，时刻搜寻食物和猎物；品行恶劣，好吃懒做，惯于偷盗抢劫，因此，在南极臭名昭著。

世界上共有5种贼鸥，南极有2种，一种叫做南极贼鸥或褐鸥，另一种叫做极地贼鸥。南极贼鸥分布在南极诸岛上，极地贼鸥主要生活在南极大陆地区。南极夏季，贼鸥住在南极陆上，故意靠近阿德利企鹅群落，时常偷食阿德利企鹅的蛋和幼鸟；南极冬季，2种贼鸥都向北迁徙，在海上觅食生活。

贼鸥在偷盗时既会单独行动，在企鹅部落上空盘旋，一旦发现有机可乘，就紧紧抓住；有时也会结伙作案，一只在前面引开企鹅，另一只在后面伺机取蛋。贼鸥的残忍已是公认，一旦捕捉住企鹅，便会开始一场血腥的饕餮盛宴。

南极贼鸥绝对是"性本恶"论的合理注解，它们的凶残、贪婪从小就初露端倪。雌贼鸥通常会一次诞下两只蛋，先孵出的占有绝对优势，除了总是先夺去父母带来的食物外，甚至还会发生骨肉相残的血腥事件。年幼的贼鸥有时会被赶出鸟巢，不幸遇上另

↑贼鸥与企鹅争斗

↑ 企鹅抚育小贼鸥

一对父母便会立即遭到猎杀。贼鸥不仅缺乏爱意，连它的巢穴也缺乏家的温馨，或者随便找一个岩石角落安家，从不收拾，家徒四壁，或者抢占其他鸟的巢据为己有。

贼鸥不仅在动物界名声不好，就连科考队员也不喜欢它们。贼鸥总是徘徊在考察驻地，时常在天空排泄粪便，从垃圾中寻觅食物，或偷盗食物，与科考队员争抢食物的事件也屡见不鲜。人们倘若不加提防，冷不丁也会被贼鸥啄伤。

从进化的角度来看，贼鸥在南极的食物链上并非一无是处，它们可以帮助淘汰、清理企鹅队伍中的老弱病残，促进企鹅的进化。但它们令人发指的行径，以及狡猾凶悍的品性早已恶名远扬。

Link

以德报怨的企鹅

据英国广播公司（BBC）报道，2009年5月，一只成年帝企鹅在亚南极区的马里恩岛"绑架"了一只小贼鸥，想亲自抚育它。这一事件被刊登在《极地生物》杂志上。这只企鹅竭尽全力保护小贼鸥，试着把它放在自己的脚上。贼鸥父母四处寻找自己的宝宝，在发现小贼鸥后，其中一只贼鸥多次袭击那只企鹅，张开翅膀想要抢回孩子。有两次它成功地把企鹅赶离幼鸥，但企鹅都能把幼鸥抢回来。

企鹅爱子心切，往往哺育非亲生骨肉。而凶残的贼鸥毫无爱心可言，它们偷企鹅蛋，猎食小企鹅。相形之下，暂不评价企鹅的做法，单就企鹅博大的胸襟就足以让贼鸥汗颜。

冰雪王国的"粮仓"——南极磷虾

动物名片

姓名：南极磷虾（Antarctic Krill）

类别：节肢动物门 软甲纲 磷虾科

分布：南极

食物：硅藻等浮游植物

天敌：海豹、企鹅等

寿命：6年

继大型动物之后，南极磷虾才登场。南极磷虾资源蕴藏量巨大，最新估计的现存量为6.5亿～10亿吨。如果南极缺少了磷虾，那么企鹅、海豹等动物也就丧失了存在的可能。一个不容辩驳的事实是：磷虾为南极动物提供了最基本的食物，是当之无愧的"粮仓"。

南极磷虾有8种，其中数量最多的叫南极大磷虾，是磷虾中的最大者。南极磷虾体长4～6厘米，体重2克左右，身体较透明，具红褐色斑点，头胸披甲，头长两须。

南极磷虾的眼柄基部、头部和胸的两侧及腹部的下面长着一粒粒金黄色的略带红色的球形发光器。在外界刺激下，磷虾可以像萤火虫一样发出冷蓝色的磷光。

南极磷虾的分布区位于南纬50°以南水域，即南大洋水深100米以上冰冷的水层中，呈环南极分布，密集区常出现于陆架边缘、冰边缘及岛屿周围，尤其是在威德尔海和南极半岛周围海域。南极磷虾

↑南极磷虾

往往是群集地漂浮在海面上的。白天，密集的虾群使海面呈现一片铁锈的颜色，到了夜晚，虾群又常常在海面发出一片强烈的磷光。

虾群中每只虾的头部都朝着同一个方向排列，聚集不散，即使有船只从虾群中驶过，也不会扰乱它们的队形。被冲散的虾群，很快重新聚集在一起，按照原来的方向游动，井然有序。

磷虾富含高蛋白，南极磷虾中还含有各种营养的元素，人体所需的钙、磷、钾、钠等都很丰富，南极磷虾的眼球中还含有丰富的胡萝卜素。为此，被冠以"人类未来的蛋白资源仓库"之称。目前，俄罗斯、日本、波兰、挪威等国率先在南大洋进行南极磷虾的初级商业性捕捞。

磷虾的卵排到水里后，不断下沉，边下沉边孵化。3～5天可下沉至1 000～2 000米的水层，结束孵化。孵化出的幼体伴随着发育过程的进行而不断上升，边上浮边发育，当升至100米水层时，长成能主动摄食的幼虾。下沉与上升的全部时间为3～4周。幼虾在表层觅食、生长、集群。发育成熟后又进行下一代的繁殖，循环往复，延续族群的命脉。

冰雪王国的飘带——南极冰藻

南极冰藻主要指在南极极端环境海冰中生长的一大类微型藻类。

渺小的冰藻最初是被人们忽略的，每当破冰船在南极冰海奋勇前进时，两侧船舷总是可以看到1米多厚的冰被翻起，横七竖八地漂浮于水面。仔细观察，可以发现冰底层和断面上带有淡茶色乃至褐色层，最初，人们以为这是海冰中的泥沙，并没有过多注意，后来，经过生物学家的鉴定，才发现这是在海冰中生长的微型藻类，即冰藻。

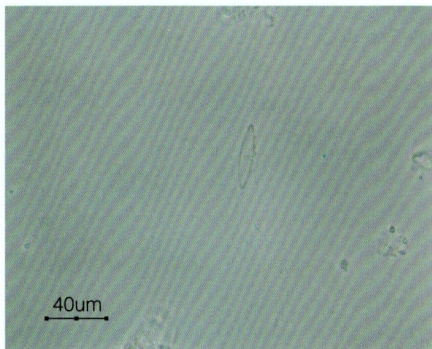

冰藻落户海冰下，利用海冰得天独厚的自然条件生长、繁殖。像所有植物一样，冰藻同样依赖阳光进行光合作用，制造有机物，贮藏在细胞内，以此自养和供养其他生物。

冰藻的魅力十分了得，但凡有冰藻生长的海冰下，就可以发现桡足类和端足类等低端浮游动物聚集在一起，当然少不了贪吃的鱼和磷虾，而大一些的动物，如企鹅、海豹，也会来此尽情饕餮。一个庞大的浮冰区食物链由此产生。冰藻为南极生物提供了必不可少的营养，支撑着整个南极的食物链。如果没有了冰藻，南极将会只有寂寞孤寒。

Link

谁灭了紫外线的威风

近年来，南极臭氧空洞已成为地球的一大忧患，紫外线可以利用这些破损的漏洞长驱直入。对南极生物来说，这无异于灭顶之灾。它们一方面要适应恶劣的南极本土环境，一方面还要应对来自太空的伤害，着实力不从心。紫外线的杀伤力带来的严重创伤，就连那些大型动物都要避之不及。然而，渺小的冰藻并不惧怕。就像能收服妖魔兵器的法宝一样，冰藻能够吸收紫外线。细小但紧密结实的冰藻牢牢护住海洋，将紫外线的辐射尽数吞食，使得紫外线威风尽失。强烈的紫外线钻不透海冰，从而也就无法危害冰下海水中的海洋生物。

南极大陆曾经是个草木丰盈、气候温和的大陆，到处是生命力的张扬。经过亿万年的沧海桑田，冰雪渐渐封盖了这块大陆，生命的形态发生了变化，物竞天择，适者生存，灭绝的物种已成过往，能够保留下来的物种经过世代的演变，被南极恶劣的生存环境塑造得坚忍顽强。

在南极大陆，现存仅340余种植物，其中包括200多种地衣、85种苔藓、28种伞状菌和25种龙牙草。高等植物和开花植物销声匿迹。南极洲沿海区域，有2种显花植物和近千种海藻。在动物方面，南极发现的无脊椎动物共有387种。南极大陆仅有一小部分微生物和少数无脊椎动物生存于植物丛、地衣和泥沼中。

与南极大陆的贫乏相比，南大洋中倒是存在着丰富的生物资源。在这里，有一条相对稳固的食物链：浮游植物→浮游动物→磷虾→鱼类、乌贼→企鹅、鸟类→海豹→鲸。缺少了任何一个环节，南极的食物链都将失去应有的平衡。

↑南极食物链

太阳光
浮游植物　南极磷虾
蓝鲸
锯齿海豹
阿德利企鹅
飞鸟
贼鸥
小鱼和枪乌贼
帝企鹅
大鱼
威德尔海豹
南部巨海燕
罗斯海豹
豹海豹
虎鲸

南极开发

南极主权

南极是目前地球上唯一一块领土主权悬置的大陆，这让很多国家觉得有机可乘。

早在1908年，英国政府就第一个提出对南极的主权要求。随后，新西兰、澳大利亚、法国、挪威、智利、阿根廷也纷纷提出对南极的主权要求。美国和苏联拒绝承认其他国家对南极主权的占有，却再三表示保留自己对南极提出领土要求的权利。新西兰、澳大利亚、法国、挪威四国相互承认在南极的领土要求，而英国、智利、阿根廷三国各自划定的领土相互重叠，引发了三角矛盾。直到20世纪40年代，上述七国已对南极83%的南极大陆提出了领土占有主权。

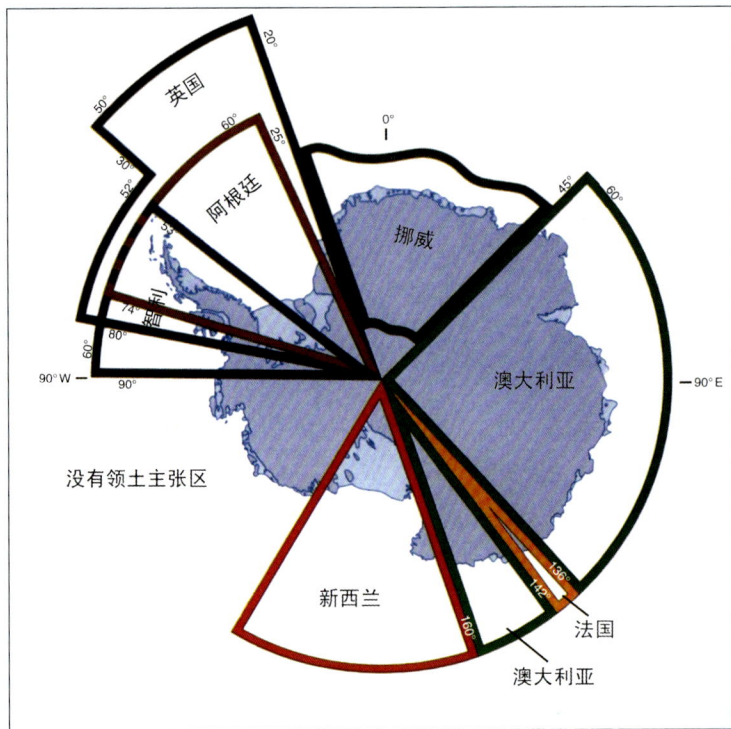

↑南极地区领土权利主张国及其范围

1948年，智利法学教授胡里奥·埃斯库德洛·古斯曼提出了摈弃政治纠纷、促进科学考察合作的原则，被称为"埃斯库德洛"宣言。1957～1958国际地球物理年期间，英国、新西兰、澳大利亚、法国、挪威、阿根廷、智利、日本等12个国家的1 000多名科学家奔赴南极，进行了合作式的南极考察，取得成效，创造了一种和谐氛围。趁此良机，美国的艾森豪威尔总统在1958年2月5日，致函邀请参加国际地球物理的11个国家，共同商讨南极问题。从1958年12月起，12国代表经过60多轮磋商谈判，终于在1959年12月1日签订了《南极条约》，并于1961年6月23日生效。《南极条约》宣布暂时"冻结"相关国家对南极的领土要求，禁止提出新的领土要求，倡导科学研究和合作。自1959年至1999年，南极条约组织有成员国43个，其中协商国26个，非协商国17个。

如今，针对南极的"圈地运动"轰轰烈烈，领土争夺方兴未艾。2007年10月中旬，英国外交部证实英国政府将向联合国提出南极洲部分海床主权要求，如果得偿所愿，英国将拥有从南极洲向外延伸350海里的大陆架海床的石油、天然气和矿物勘探和开采权，涵盖土地面积达100万平方千米。随后，智利外长福克斯雷公开表示，智利不会放弃在南极享有领土权利，并将向联合国大陆架界限委员会提出对南极大陆的领土要求。阿根廷随即也对南极提出主权要求。而早在2007年7～8月，加拿大、俄罗斯、美国、丹麦和挪威等国已分别提出过类似的要求。

《南极条约》之后，1991年，相关国家签订了《关于环境保护的南极条约议定书》，决定在今后50年内，禁止在南极地区进行一切商业性矿产资源开发活动，使南极争夺在表面上暂时趋于平静。而至2009年，《南极条约》中规定的50年"冻结"期限已满，相关各国对条约进行了新的修订，各国再一次将此议题摆上台面。此外，该条约中仅规定"暂时冻结"各国对领土主权的要求，却没有就诸如极地大陆架、海域划分等权利予以界定。面对南极主权，众多国家都想分一杯羹。

南极条约体系是指《南极条约》和南极条约协商国签订的有关保护南极的公约以及历次协商国会议通过的各项建议和措施。此后，南极条约协商国于1964年签订了《保护南极动植物议定措施》，1972年签订了《南极海豹保护公约》，1980年签订了《南极生物资源保护公约》。1988年6月通过了《南极矿物资源活动管理公约》的最后文件，该公约在向各协商国开放签字之时，由于《南极条约环境保护议定书》的通过而终止。但由于《南极条约环境保护议定书》中的很多条款直接引自《南极矿物资源活动管理公约》，因此，《南极矿物资源活动管理公约》仍被视为可引为参考的重要法律文件。1991年10月在马德里通过了《南极环境保护议定书》以及"南极环境评估""南极动植物保护""南极废物处理与管理""防止海洋污染"和"南极特别保护区"5个附件，并于10月4日开放签字，在所有协商国批准后生效。

南极开发

传统开发

迄今为止，南极多是作为人类科考基地出镜的，对其开发主要集中在传统渔业——南极磷虾的开发上。

除了作为人类潜在的、巨大的蛋白质储库，南极磷虾还具有巨大的潜在药用价值。据报道，磷虾可用于治疗动脉硬化和降低血液中的胆固醇含量；作为产自极端环境的生物，磷虾体内的多种活性物质同样具有商业开发价值。南极磷虾的商业开发早已引起人们的高度重视。南极磷虾的试捕勘察始于20世纪60年代初期，20世纪70年代中期即进入大规模商业开发。捕鱼国主要为日本、苏联，及后来的俄罗斯、乌克兰等；目前捕捞南极磷虾的国家主要有日本、波兰、韩国和英国等，近年美国也加入南极磷虾捕捞国行列。

新兴产业——南极旅游

2007年年初，美国《福布斯》杂志公布2006年全球十大旅游胜地排行榜时，南极位居第二。

20世纪60年代初人类首次开展南极旅游以来，据阿根廷乌斯怀亚的南极旅游服务中心资料显示，去过南极的总人数累计约38万人次，其中以旅游为目的的超过半数，约20万人次。目前，去南极旅游的人数正在以每年10%～15%的速度增长。美国是到南极旅游人数最多的国家，其次是德国、英国、澳大利亚、加拿大、荷兰、瑞士和日本。

人们到南极旅游的线路大致可分为两大类：一类是"南极半岛线路"，另一类是"南极大陆线路"。游客无论选择哪一条旅游线路，都不能保证绝对的安全。如果乘船到南极，必须穿过素有"死亡海峡"之称的德克雷海峡。这个以英国近代著名海盗名字命名的海峡，是世界上最宽、最深的海峡，风浪之大、航行之凶险堪称全球罕见。来自

↑ 南极观光

↑ "探索者"号沉没

南极冰雪高原的极地风暴，有时可使德雷克海峡的海浪高达一二十米；从南极滑落下来的冰山，常常漂浮在海峡中，成为船舶航行中的危险。

如果乘坐飞机到南极，最大的难题是天气突变。南极是地球上风暴最频繁、风力最猛的地方。1979年11月28日，新西兰一架南极观光专机满载250多名游客到南极罗斯岛附近，从空中观看南极的埃里伯斯火山、干谷等景点后，在返回途中，天气突然"翻脸"，飞机不幸撞到了罗斯岛埃里伯斯山坡，机组人员和游客无一生还。

国际社会对南极旅游褒贬不一，除去高昂的费用外，安全隐患和环境破坏是难以根除的硬伤。2007年12月，加拿大多伦多冒险旅游公司的"探索者"号游船在南极撞上冰山，成为在南极沉没的第一艘商务客船。南极旅游的弊端经由此次失事已然显现，一方面南极旅游本身就具有很多未知的危险，另一方面"探索者"号沉没后船舱内的燃油外泄，形成了8 000米长、5 000米宽的污染带，对附近海域造成了严重的环境污染。阿根廷已提出要求限制对南极的旅游开发。2009年4月17日，第32届《南极条约》协商会议在美国巴尔的摩闭幕，与会的28个《南极条约》协商国一致同意美国提出的对前往南极的游船大小以及游客数量设置限制的建议，以减少人类活动对南极环境的影响。

南极特别保护区

现今设立的南极特别保护区大多分布在南极大陆的沿海地带，其中，在罗斯海区的麦克默多湾、西南极洲的南设得兰群岛和格尔切海峡三处相对集中。至今，《南极条约》协商会议已批准设立了70多个南极特别保护区和7个特别管理区，保护区总面积超过3 000平方千米，最大的达到1 100平方千米，最小的仅有0.00 132平方千米。在2008年召开的第31届《南极条约》协商会议上，中国提出的格罗夫山哈丁山南极特别保护区管理计划获得会议批准，成为中国设立的第一个南极特别保护区。保护区位于格罗夫山中部的哈丁山一带，长约12千米，宽约10千米，呈不规则四边形，岛链状分布的冰原岛峰构成的山脊纵谷地貌，保留着冰盖表面升降的痕迹，分布着自然界罕见的、极易被破坏的典型冰蚀地貌与风蚀地貌。这些冰川地质现象不仅具有重要的科学价值，还具备美学价值和环境价值。

风蚀地貌

探秘北极

Probing into the Arctic

　　天上有七星伴明月，地上有七海伴深洋。北极，是如此的神秘，这里有冰海迷雾、午夜骄阳；这里有冰山拱桥、极海浮冰；这里有漂移不定的北极冰、亦真亦幻的北极光；这里更是冰原霸主北极熊的家园。这里是寒冷的冰海，是茫茫的雪原，是勇者无畏的探险之地，是神秘的地球之巅。

壮美北极

漂移北极

神秘之海

南极是一块孤立于海水中的高原陆地，北极则不同。北极最主要的部分是一片由大陆和岛屿群围绕着的海洋，这片海洋便是北冰洋。

如若我们在晴朗的夜晚向北方的夜空望去，会看见明亮的北斗七星。北斗七星属于大熊星座，而北冰洋，它本来的含义是"正对着大熊星座的海洋"。天上有北斗七星照耀，北冰洋也恰有七个边缘海，此外还有巴芬湾、哈得孙湾两个大型海湾和深海海盆，形成了"七海伴深洋"的和谐整体。

北冰洋是一块几乎终年结着冰的海洋，北极点就在这片茫茫的大海之中。北极海面上漂浮的冰块会因受地球自转的影响而移动，有的冰块甚至可以每小时移动1 000米。

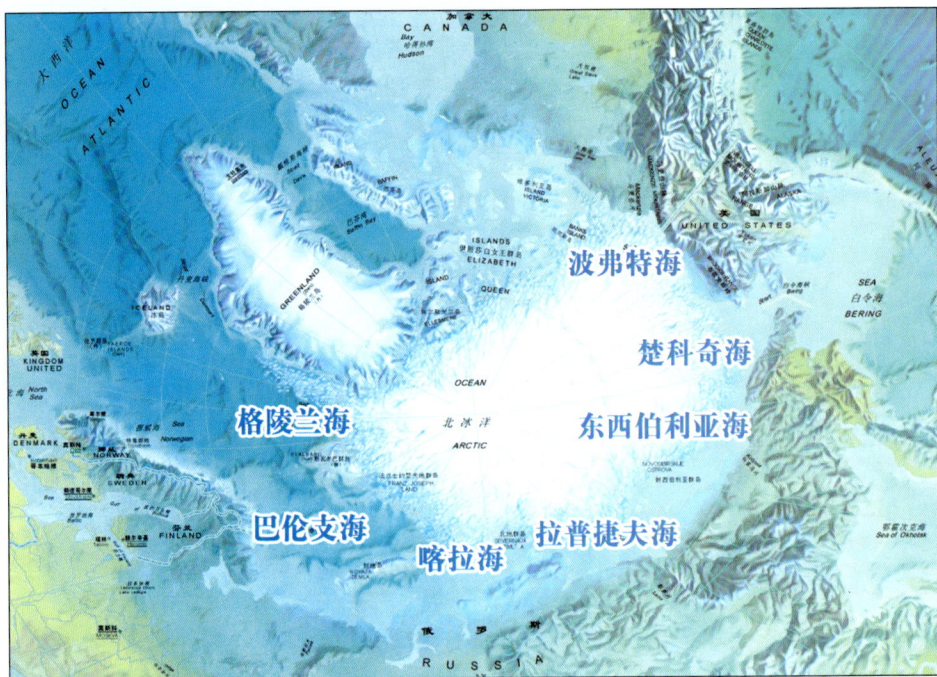

↑ 七海伴深洋

↑环北冰洋的大陆和岛屿

世界上最北的城市与最北的陆地

朗伊尔，世界上最北的城市，位于挪威属地斯瓦尔巴群岛的中部，是该群岛的首府，距北极点1 300千米，是早期赴北极探险的出发地。

北美洲的乌达克岛，位于北纬83°40′32.5″的格陵兰岛以北地区，距离北极706.4千米，是1978年由丹麦测量学家发现并命名的，成为世界上最北和离北极点最近的陆地。

所以，我们没有办法找到一个固定的地方放置北极点的标记物；即使以现代的科技手段，想要精确地到达北极点都是十分困难的，这也正是北极的神秘之处。

北极陆地

在北冰洋周围，环绕着一些十分寒冷的大陆和岛屿，它们分别从属于亚洲、欧洲、北美洲的一些国家。这些陆地从最寒冷的北方，一路向南，依次可划分为海岸带及岛屿、北极苔原和泰加林带等。与南极不同的是，在这片土地上，有许多人类建设的城市、乡镇和村落。倘若有机会亲身去北极的话，于冰天雪地之中望村落里炊烟袅袅，那必定是一幅十分美丽的景象。

北极地区的陆地，除了亚欧大陆、北美洲大陆之外，星罗棋布的岛屿也很值得一看，其中，最有名的莫过于格陵兰岛了。

提到格陵兰岛，除了它是世界上最大的岛屿，它还是世界上最古老的岛屿，其寿命已有38亿年。要知道，地球的寿命也不过46亿年。除了格陵兰岛，北极地区还有许多其他岛屿，比较著名的有加拿大的北方群岛、冰岛和挪威的斯瓦尔巴群岛等。

说到格陵兰岛的形象，有一个有趣的比喻：格陵兰岛就像一个狭长的盘子，里面装着260万立方千米的冰块。估算一下，如果这些冰块全部融化，全球的海平面将上升6.5米，相当于2层楼那么高。怎么样，很惊人吧！5 000年前就有一些勇敢的探险者来到这里，虽然当时的格陵兰岛是那么的荒凉寒冷，他们还是把这里命名为"绿岛（Greenland）"，以表达他们美好的愿望。如今的格陵兰岛是一座美丽的冰雪王国，有很多世界各地的游客慕名而来，感受北极神奇的魅力。

北极的美景动人心魄。你来到这里，便可看到冰封的海洋中高耸的山脉、壮丽的峡谷、银色的冰川、广袤的冻土，以及辽阔的苔原……这所有的美景无疑是对"壮美"一词最佳的诠释。也许，你还暂无机会亲身前往北极探险，下面，我将带着大家继续前行，领略极地壮美，开始一场神秘奇妙、多彩绚丽的北极之旅！

↑格陵兰岛风光

白色海洋

　　同南极一样，北极是一片冰雪世界，由一片海和环绕着它的陆地组成。北极地区非常寒冷，在陆地上，有起伏的冰川、广袤的冻土，只有极少数的植物能够存活，是一片名副其实的苍茫世界。这里是一望无际的冰雪世界，特别是在冬季，北冰洋的绝大部分都会结起厚厚的坚冰，最大厚度可达6米，在冰面上不仅可以行驶车辆，还能起落飞机。在这里，你很难分清哪里是海洋、哪里是陆地，现在你知道为什么北冰洋会被称作"白色海洋"了吧。

↓北冰洋

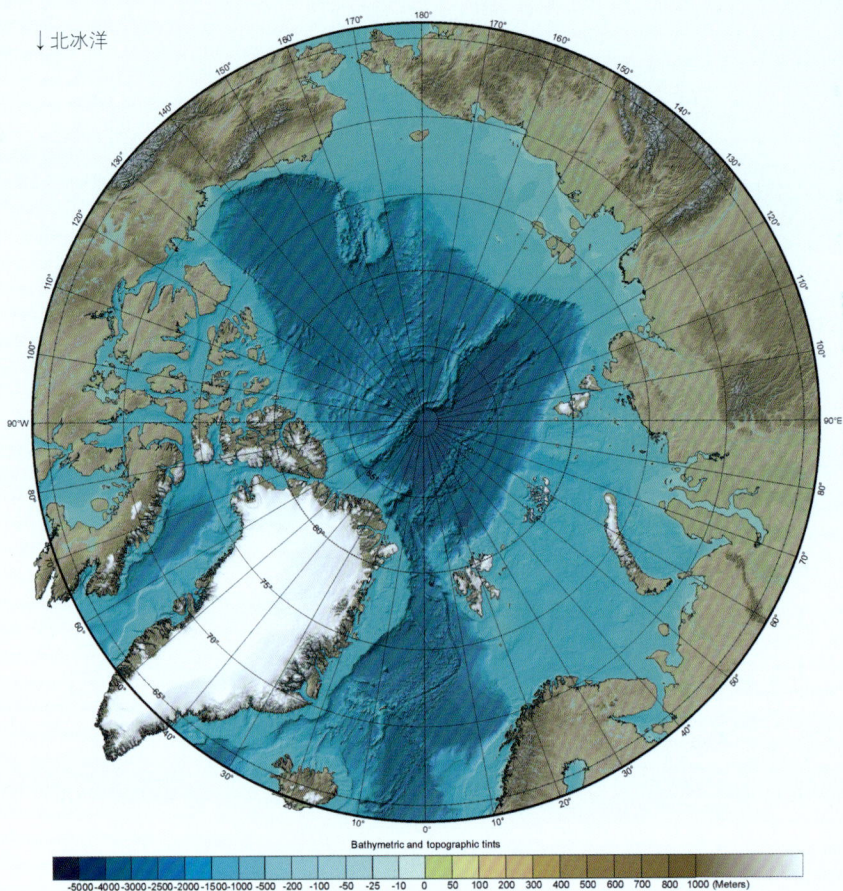

Bathymetric and topographic tints

-5000 -4000 -3000 -2500 -2000 -1500 -1000 -500 -200 -100 -50 -25 -10 0 50 100 200 300 400 500 600 700 800 900 1000 (Meters)

　　北冰洋除了常年被冰雪覆盖外，与世界上其他的三大洋（太平洋、印度洋、大西洋）相比，还有很多独特之处。首先，它是面积最小的大洋，只有1 310万平方千米，还不到太平洋的1/10，以至于在相当长的时间里，人们认为它是一个由大陆围着的内海。直到1650年，德国地理学家瓦伦纽斯才认为这片海域可以作为一个大洋；至1845年，伦敦国际地理学会才正式把这片海域命名为北冰洋。

　　四大洋中，北冰洋不仅是最小的，还是最浅的，其平均水深只有1 000米多一点，还不及太平洋的1/3。为什么它会这么浅呢？这是因为北极地区拥有世界上最宽阔的大陆架。世界上大陆架的平均宽度约为75千米，而北极的大陆架宽度却多在500千米以上，最宽处达1 700米。宽广的大陆架存在于北冰洋的海底，也就使它成为世界上最浅的大洋。

北冰洋的"世界之最"，又何止这些？它还是世界上纬度最高、跨越经度最多、最淡的大洋。

海水，在我们的印象中应该是苦涩、难以下咽的。既然北冰洋的海水最淡，那它的滋味又如何呢？这里的海水依旧苦涩，只是轻得多。这是因为：一方面，北冰洋沿岸有大量的淡水河流注入，约占全世界河水总量的1/10；另一方面，北冰洋是世界上最小的大洋，这也就使北冰洋海水中的盐分得到了充分的稀释。此外，近年来全球气候变暖，导致北极地区的冰川快速融化，大量的淡水流入北冰洋，这也是一个不容忽视的因素。

随着对北冰洋探秘的不断深入，让我们也越过厚厚的海冰，探索海冰下那幽深奇妙的北冰洋水体。

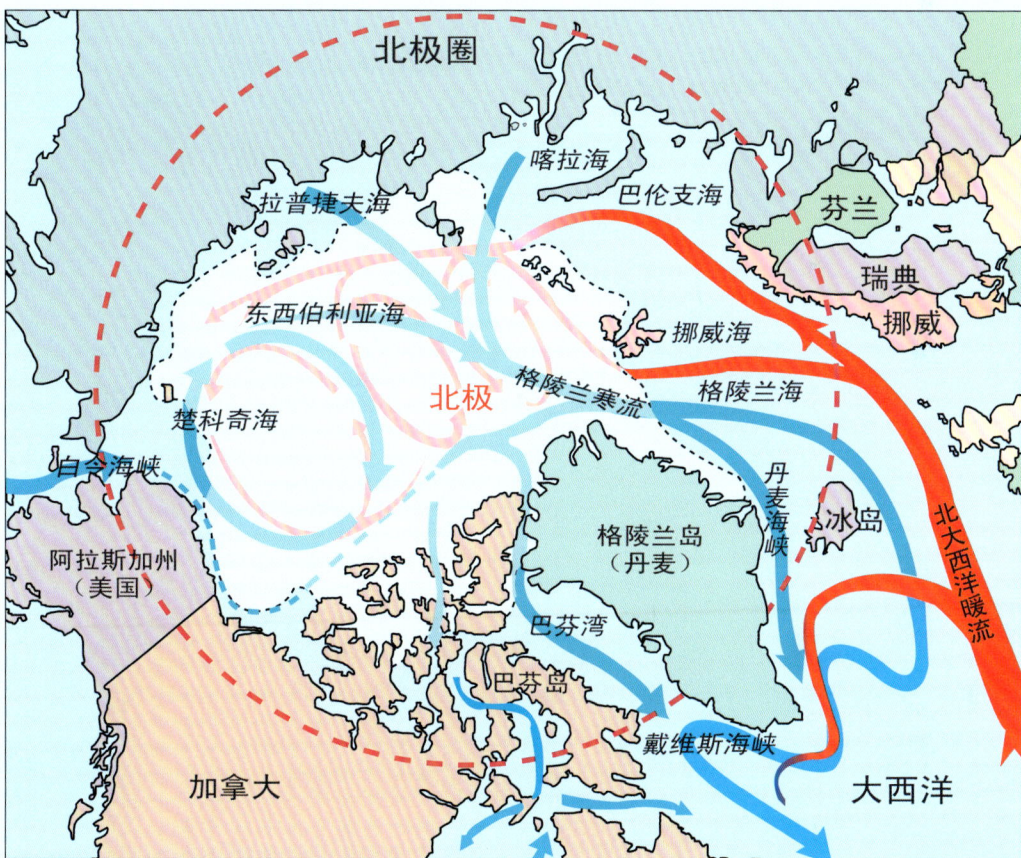

↑北冰洋环流

　　或许你心有疑惑，既然北冰洋的表面都已经被冻住了，那么冰面下的海水还会流动吗？答案是肯定的。首先，海水会形成表层环流，比较有代表性的是"穿极漂流""绕极环流"等，此外，还有很多的环流。其次，北冰洋还与太平洋、大西洋连通，并与它们进行海水交换。北冰洋的异常酷寒，使得海水进入时还是暖流，出来时已是寒流了。北冰洋与大西洋连通的地方较宽，所以，当海水向南流进大西洋时，随处可见一簇簇蔓延开来的海冰随之漂流。

　　"旋转的深海幽灵"——深海涡旋，是存在于北冰洋深处鲜为人知的自然现象，是相当大范围的海水发生的旋转运动。涡旋仿若陀螺一般不停地转动，只是这个"陀螺"非常之巨大。据考证，曾有科学家观测到直径达几百米的庞大涡旋。北极的涡旋就像一个幽灵，在幽暗的北冰洋深海游荡。涡旋的持续时间一般很长，有的甚至超过半年。北极深海涡旋的神秘将继续吸引着科学家进行探索。

北冰洋航运——东北航线和西北航线

虽然北冰洋在冬季是一个被冰雪覆盖的世界，但每逢夏季，近岸的海冰便会融化，形成可供船舶航行的航线，主要是东北航线和西北航线。如果能够充分利用这两条航线，将对全球的自然资源开发、交通运输、国际贸易诸方面带来显著的经济效益。

东北航线是指从大西洋的北海经俄罗斯北极沿岸和白令海峡到达亚洲的海上航线。这一航线大部分处于北极圈内，是1527年由英国商人罗伯特·索恩提出的，直到1878年才由芬兰科学家阿道夫·伊雷克·诺登舍尔德开辟。

西北航线是指以巴芬岛以北为起点，由东向西，经加拿大北极群岛间一系列深海峡，再经白令海峡进入太平洋的航道。这是世界上最险峻的航线之一，无数探险者为了开辟这条航线葬身北冰洋，直到1906年，挪威人阿蒙森才将这条航线开辟。

北极的冰

"人行冰世界，雪塑玉轩廊。"这句诗或许只是诗人充满浪漫色彩的瑰丽想象，但当我们亲临北极的时候，或许真的可以置身于诗中所描绘的那个亦真亦幻、冰雕玉砌的世界，直接触摸那覆盖在北极的层层纯白如雪的华衣——北极冰。

北极的冰，与南极不同。南极的冰主要是南极大陆上覆盖着的陆上冰川，北极的冰则分为两个部分：一部分是和南极大陆相似的，覆盖在北极陆地上的陆上冰川；还有非常重要的一部分是北冰洋海面上漂浮着的海冰。

北冰洋之所以被称为"白色海洋"，是因为它的大部分地区都是一望无际的坚冰。特别是到了冬天，在漫漫黑夜的笼罩之下，北冰洋上的海冰会格外辽阔、厚实，颇有"千里冰封，万里雪飘"的气势，我们难以分清哪里是陆地、哪里是海洋。到了夏季，海冰在热量的作用下逐渐消融，形成大大小小的浮冰群落，在靠近陆地的海域，还会形成可供船舶航行的开阔水道，为人类的航运提供便利。

"不平坦"的北极冰

北冰洋上厚厚的海冰是平坦的吗？答案是否定的。北冰洋上的大风凶猛、肆虐，具有无坚不摧的力量。虽然海冰非常坚实，但也难以抗拒狂风的力量。就这样，北冰洋的海冰会在大风的作用下被挤出一道道冰脊、冰谷，被撕开一条条冰间水道。置身其间，只见冰面高低起伏、错落有致，"山舞银蛇、原驰蜡象"般的奇特造型会让你如临梦境，感叹大自然鬼斧神工的神奇玄妙。

"随波逐流"的北极冰

北冰洋上的海冰还有一处神奇，那便是它在不停地漂流着。也许你会奇怪，这不很正常吗，冰面下的海水在流动，海冰自然也

会"随波逐流"。事实并非如此,冰和水不同,冰是坚硬的,很难让它变形。但北极海冰和普通的冰不同,这里的冰是超大尺度的冰,不仅可以变形,还有一定的"修复能力"。

　　看到这里,也许你会一头雾水。来!让我们举个例子,感受下这一点究竟是怎么体现的。首先,北极的海冰在漂浮过程中,如遇岛屿,便会 "冰" 分两路,从两侧绕行;另外,冰面受到风力的作用,会被挤压成脊,但是当它受到相反方向风力的作用,又会舒展开来,就像北冰洋上铺着的一块纯白地毯,煞是有趣。

聊了这么久的海上浮冰，现在让我们迈向坚实的陆地，来看看北极陆地上冰川的美景，它们丝毫不比海面上的海冰逊色。

也许你还不够了解何谓冰川，其实，冰川不仅存在于极地，在其他纬度寒冷的高山地区也有分布，主要由千万年来的降雪层层积累形成，厚厚的积雪在自身压力的作用下逐渐形成了密实的冰川。南极大陆和北极格陵兰岛上的冰盖就是大型的冰川，北极陆地上的其他地区也有冰川存在。

冰川并非静止不动，而是会沿着陆地的斜坡缓缓流动，从冰盖的中央向四周扩展，最终流入海洋。有些冰川舍不得在陆地上的家，没有与陆地脱离，而是沿着陆地成片地悬浮在海面成为冰架；还有一些则依依不舍地离开了陆地，崩解成大块冰体，漂入海洋，这便是四处漂流的冰山。目前观测到的最大的冰山长200多千米、宽60多千米，蔚为壮观。

如果你到北极游览冰川，除了欣赏壮美的景色外，有一点须提醒你，那就是要时刻警惕"高山妖怪"——可怕的雪崩。在北极的一些积雪山区，当温度回升、坡度陡峭、积雪加重等因素达到一个危险的临界点时，可怕的雪崩就会瞬间发生，其后果是毁灭性的。所以，尽量避免进入雪崩区不失为良策，探险的路径还是要选择安全实在一些的，不是吗？

Link

北极冰川在哭泣

近些年来，随着全球气候的变暖，冰川融化的速度也在不断加快，很多小型的冰川都已消失，北极格陵兰岛上的冰川也已大大缩小，这一现象引起了人们的关注。左侧的照片是著名摄影师和海洋环境专家迈克尔·诺兰拍摄到的北极冰川倒塌时显现出的一幅"哭泣的人脸"，仿佛在为日益变暖的环境和不断消融的冰川哭泣。

这张照片给人以很强烈的震撼，如果冰川融化的速度得不到控制，不仅冰川会哭泣，全人类也将成为受害者。那时不仅海平面会上升几十米，淹没绝大部分沿海城市，还会使洪水、泥石流等自然灾害更加频繁。我们需要通过践行低碳生活等实际行动来为遏制全球气候变暖做些力所能及的努力。

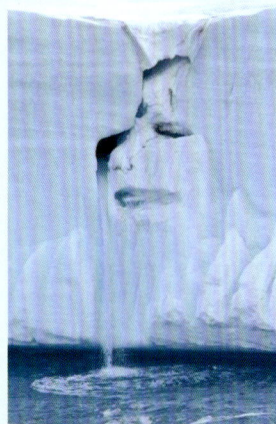

北极 "部落"

冰封海洋的霸主——北极熊

动物名片

姓名：北极熊（Polar Bear）

类别：脊索动物门 哺乳纲 熊科

分布：北极海岸、欧洲冰海和北美洲北部

繁殖：胎生、哺乳

食物：海豹、海象、白鲸、海鸟、鱼类、小型哺乳动物

寿命：25～30年

也许你会好奇，在这样一个终年寒冷、海洋冰封的环境中，会有动物生存吗？就像南极有企鹅一样，北极也有许多动物，它们构成了一个别样的世界，其中最有代表性的，就是冰封海洋的霸主——北极熊。

说起北极熊，那可是当仁不让的北极"枭雄"，它们是生活在冰天雪地中的一种凶猛而又顽强的物种，是完全的肉食主义者。成年雄性北极熊的体重可以达到800千克，身长2.6米，站立的时候可以达到3米高。北极熊不仅高大威猛、力大无穷，还具有极为敏锐的视觉和听觉；北极熊的嗅觉极为灵敏，是犬类的7倍；它的行动速度也很快，可达16米/秒，是世界百米冠军的1.5倍；再加上它那如同铁钩一般的熊爪和堪比利刃的熊牙，北极熊能够成为冰封海洋的霸主真是名下无虚。

北极熊不仅自身条件优越，好像还读过"兵法"。它不喜欢以简单、辛苦的方式长时间费力奔跑着去追逐猎物，而是讲究"掩其无备""守株待兔"和"一击致命"。北极熊具有出其不意攻击猎物的技巧。当它发现冰下有猎物时，会站起身子再猛然落下，用前掌击破冰面抓住猎物。北极熊不仅有惊人的爆发力，还能以惊人的耐力在猎物的巢穴旁一动不动地等待许久，猎物稍一露头，便会成为北极熊的囊中之物。正因如此，北极熊在北极几乎没有天敌。

如果你以为北极熊只是在冰面上称王称霸，到了海里就无计可施的话，那可真是小瞧了它。北极熊是天生的游泳健将，它体形呈流线型，非常适合在海中游泳。北极熊的熊掌宽大犹如前后双桨，在海水中，它们用两条前腿奋力前划，两条后腿在前划的过程中并在一起，起着舵的作用，掌握着前进的方向。北极熊不仅游泳速度快，耐力也很好，可以游上几十千米去追逐海豹，击杀白鲸，在北极的海水里没有什么生物可以与之匹敌。

世人常说："无敌最寂寞。"北极熊作为北极地区无敌般的存在，也是十分寂寞的。它们总是独来独往，横行冰面。哪怕是为了生养后代，雌、雄北极熊也仅仅是共同生活1个月左右。雌北极熊受孕以后，雄北极熊就会离开，留下雌北极熊独自养育后代，这也使小北极熊的野外生存能力和警惕性从年幼时便得到了培养，这或许也是小北极熊长大后能如此强悍的一个重要因素。

北极熊能在如此寒冷的北冰洋上不惧严寒，是因为它们始终身披3层"保暖衣"。最外面的一层是北极熊的毛。它们的毛很特别，是中空的小管子。这些小管子是北极熊收集热量的天然工具，这样的构造可以把阳光反射到毛下面的皮肤上。中间一层是北极熊的黑色皮肤，黑色的皮肤可以尽量吸收白色的毛所反射的阳光，有助于吸收更

多的热量。最里面一层就是皮下面厚厚的脂肪了，这是北极熊最重要的保暖组织，进一步把严寒隔绝于身体之外。

到了北极的冬天，北极熊也需要冬眠。在严冬时节，北极熊的外出活动会大大减少，寻找避风的地方卧地而睡，呼吸频率降低进入局部冬眠。局部冬眠就是当北极熊遇到紧急情况时可以立即惊醒，以应对变故，这是北极熊极具有高警惕性的体现。

虽然北极熊厉害非凡，但它们还是有温情与可爱的一面的。前面提到了雌北极熊独自抚育北极熊幼崽的艰难，其实，无论它们有多凶猛，对自己的孩子都充满着无限的温情。雌北极熊在带小北极熊觅食的时候，会保持极高的警惕性，随时准备应对那些想要冲上来抢夺食物的敌人。到了冬天，它会抱着小北极熊温馨地进入冬眠，真是一幅感人至深的画面。

北极熊非常可爱。单调的冰天雪地，无敌的捕猎生涯，让它们感到非常的寂寞，所以它们对任何新鲜事物都充满好奇，特别是当人类的科考队越来越多地进入北极时，科考队五花八门的装备更是令它们觉得新奇有趣。它们经常会研究许久才心有不舍地离开，重返白雪皑皑的冰雪世界，继续谱写它们冰原霸主的传奇。

Link

北极熊向我们招手

人们在北极斯瓦尔巴德群岛上发现了这样一只可爱的北极熊，它竟然会从雪地里站起来向过往的人们打招呼，惹得人们纷纷驻足观看。右侧的照片就是瑞典著名摄影家汉斯·斯特兰德拍摄的。

汉斯在介绍这张照片的时候说，当时他正在一艘船上拍摄风景照，突然看见在大约13米外的雪地上，一只北极熊高高站起，向这艘船上的人们挥手致意，憨态可掬的样子让人们非常兴奋。它用白白的熊掌向人们挥舞了两次，每挥舞一次，船上的人们都会欢呼尖叫。前两次，汉斯都没能拍摄成功，当时汉斯非常紧张地期待北极熊能挥舞第三次，终于，过了一会儿，它第三次挥舞致意的时候，汉斯幸运地拍摄到了这一令人惊奇的精彩瞬间。之后的几分钟里，它一直站在那里，憨态可掬地面对着人们的相机镜头，似乎很享受人们向它欢呼的感觉。

南北两极的信使——北极燕鸥

动物名片

姓名： 北极燕鸥（Arctic Tern）

类别： 脊索动物门 鸟纲 燕鸥科

分布： 南、北极及附近地区，繁殖区为北极及欧洲、
亚洲和北美洲近北极的地方

繁殖： 卵生、孵化

食物： 小鱼和甲壳纲等

天敌： 北极狐狸、北极熊等

寿命： 约30年

北极燕鸥是一种小巧玲珑的鸟类，它个头虽小，却体态优美，充满激情，矫健有力。

看到北极燕鸥，你就会喜欢上它，因为它非常漂亮，红色的长喙，尖尖的翅膀，长长的尾翼，"脚上"像是穿着一双鲜红艳丽的鞋子，而头上的那顶黑色"帽子"更是显得很独特。北极燕鸥身上最耐人寻味的地方就是它们的羽毛。它们身体上部的羽毛多为黑色，而身体下部的羽毛则是灰白色的。所以，当天上的鸟从上面看北极燕鸥时，由于燕鸥的色彩同大海非常接近，很难发现它们的踪迹；而海里面的鱼从下向上望时，由于燕鸥的颜色同飘云非常接近，很难察觉北极燕鸥在飞行，真可谓是大自然的精巧构思。

北极燕鸥最了不起的地方就是它们的长途飞行能力，它堪称动物世界里的飞行冠军。至于它们为什么能成为飞行冠军，我们来看看它的飞行轨迹便可知晓。北极燕鸥出生于北极，当北极的冬季就要来临的时候，它们飞越重洋，一直向南飞，飞到南极去，因为此时的南极正值夏季。当南极的冬天快要来临的时候，它们又会一路向北，飞到北极去繁衍自己的后代，如此循环往复。北极燕鸥的寿命较长，约30年。从飞行距离来看，北极燕鸥一生中可以飞100万千米以上，是动物世界中绝对的飞行冠军。

视死如归的侠客——旅鼠

动物名片

姓名: 旅鼠（Lemming）

类别: 脊索动物门 哺乳纲 仓鼠科

分布: 挪威北部和亚欧大陆的高纬度针叶林

繁殖: 胎生、哺乳

食物: 草根、嫩枝、青草和其他植物

天敌: 猫头鹰、贼鸥、灰黑色海鸥、粗腿秃鹰、雪鸮、北极狐狸、黄鼠狼、北极熊等

寿命: 通常不超过一年

旅鼠是一种看起来极为可爱的小动物，常年生活在北极。它四肢短小，比普通老鼠要小一些，小巧的耳朵，胆怯的双眼，看起来是那么的普通。在北极生活的人们称其为来自天空的动物，或者把它们叫做"天鼠"。这是因为在某些时间里，它们的数量会迅速增加，如同天兵天将一般降临世间，这除了与旅鼠具有超强的繁殖能力外，是否还有其他原因，至今尚不清楚。

旅鼠遇到危急时，数量会急剧增加，变得勇敢异常、无所畏惧，皮肤也由灰黑变成了橘红色，进入"暴怒状态"，主动向它们的天敌发起进攻，甚至还会向北极霸主北极熊挑衅。目前对这种现象唯一合理的解释是，旅鼠感觉自身数量太过巨大，希望天敌们吞食它们，以维持自然界的生态平衡。

与旅鼠有关的最大的谜团是它们的"死亡迁徙"，这也是旅鼠得名的原因。当旅鼠的数量急剧增多后，会聚集在一起，形成浩浩荡荡的旅鼠大军。此时，它们会显示

出一种非常强烈的迁徙意识。开始时它们四处乱窜，似乎在作出发前的准备；突然，它们会朝着一个方向出发，沿途不断有其他旅鼠加入，往往可以达到数百万只，沿着一条笔直的路线奋勇前进，绝不绕道，更不停止，直至来到苍茫的大海边，并纷纷跃入汹涌澎湃的波涛之中，奔赴这场"死亡之约"，不禁令人惊叹！

　　迪斯尼公司在1958年曾经拍摄过一部纪录片《白色荒野》，里面记录了旅鼠成群结队地迁徙、最终跳海自杀的场面。这部影片最终荣获奥斯卡奖，也使旅鼠奔赴死亡之约的动人传说在西方家喻户晓。

冰雪荒原的狼族——北极狼

动物名片

姓名： 北极狼（Arctic Wolf）

类别： 脊索动物门 哺乳纲 犬科

分布： 亚欧大陆北部、加拿大北部和格陵兰岛北部

繁殖： 胎生、哺乳

食物： 驼鹿、鱼类、旅鼠、海象和兔子等

寿命： 7～10年

　　北极狼主要分布在加拿大北极岛屿及格陵兰岛北海岸。它们生活在荒芜的地带，包括苔原、冰河谷及冰原。北极狼能够抵御-55℃的寒冷。由于在这个酷寒的地理环境中其他的狼很少，所以北极狼是所有狼族中最纯的品种。

　　北极狼也被称为白狼，因为它们有一身白色且比其他狼更加浓密的毛。它们的耳朵比较小也比较圆，鼻子稍短，腿也很短，外表看着挺可爱的。北极狼是典型的肉食性动物，它们的牙齿非常尖利，有助于在寒冷的北极地区捕杀猎物。优势雄狼在组织和指挥捕猎时，一般会选择弱小或年老的驯鹿或麝牛作为猎取的目标。它们从不同方向包抄，然后慢慢接近，一旦时机成熟，便突然发起进攻；若猎物逃跑，它们便会穷追不舍，而且为了保存狼群的体力，往往分成几个梯队，轮流作战，直到捕获成功。

印象中的狼是一种凶残的动物，但北极狼也有温和善良的一面，它们对自己的后代会表现出无微不至的关怀。母狼在抚育小狼的时候，几乎寸步不离，即便偶尔外出，也会赶紧返回，细心照料幼崽。在小狼的成长期间，不单是母狼，狼群中某些其他成员也会一起喂养小狼，体现了狼群的团结与温情。

圣诞老人的车夫——驯鹿

动物名片

姓名： 驯鹿（Reindeer）

类别： 脊索动物门 哺乳纲 鹿科

分布： 亚欧大陆，北美洲北部，西伯利亚南部

繁殖： 胎生、哺乳

食物： 石蕊、问荆、蘑菇及木本植物的嫩枝叶

天敌： 狼、熊等

寿命： 20年

驯鹿主要分布于北半球的环北极地区，包括亚欧大陆和北美洲北部及一些大型岛屿，在中国东北的大兴安岭地区也有少量分布。驯鹿主要栖息在寒温带针叶林中，主要食物是石蕊、问荆、蘑菇及木本植物的嫩枝叶等。

驯鹿的名字中虽有"驯"字，但它们并非由人类驯养，另一个名字"角鹿"似乎更符合它们的体态特征；因为这种鹿雌雄皆有角，角的分支繁复是其外观上的重要特征，它们的角像树枝一样，幅宽可达1.8米，且每年更换一次，旧的刚刚脱落，新的便开始生长。我国之所以把它们称作驯鹿，是因为它们性情温和，易饲养放牧。在中国，鄂温克族猎人常把它们作为主要的生产和交通运输工具。

　　驯鹿最惊人的举动，就是每年一次数百千米的大迁徙。春天一到，它们便离开自己越冬的亚北极地区的森林和草原，沿着几百年不变的路线日夜兼程，往北进发。沿途它们会脱掉厚厚的冬装，生出新的、薄薄的夏衣，脱下的绒毛落在地上，成了路标。当遇到狼群的惊扰或猎人的追赶时，驯鹿会突然加速，一阵猛跑，打破北极地区的沉寂与安宁，上演一场惊心动魄的远征大戏。

冰雪海洋的牙仙——海象

动物名片

姓名：海象（Walrus）
类别：脊索动物门 哺乳纲 海象科
分布：北冰洋海域，太平洋和大西洋部分地区
繁殖：胎生、哺乳
食物：软体动物、甲壳类或其他动物
天敌：北极熊、虎鲸
寿命：45年

初看海象，你便会被它那胖墩墩、憨态可掬的样子吸引。它们总是三五成群懒洋洋地躺在冰面上，看起来很温驯。但不要被它们的外表所欺骗。你看到它们那对长长的獠牙了吗？那可是它们强有力的武器和必备的生存工具，而且可以在磨损中不断生长。正是因

为这对长长的獠牙，中国人民才把它们形象地称为海象——即"海中的大象"。

海象在觅食的时候，巨大的獠牙被用以不断地翻掘泥沙，敏感的嘴唇和触须主要用于探测和辨别食物。在陆地或冰面上，海象是靠着把长牙插进冰层或沙土里来移动躯体的，它的拉丁文名字的意思便是"用牙齿协同前进的家伙"。

　　海象的前肢在长期的海洋生活中已有所改变，内在的骨骼变得非常柔软，像鱼类的鳍一样，适合在海洋中划水。在众多的海洋动物中，海象是最出色的潜水能手，一般能在水中潜游20分钟，潜水深度可达500米，甚至还能潜入1 500米的深水层。海象可在水下滞留2小时，需要呼吸新鲜空气时，只需3分钟便能浮出水面，上浮过程无须减压。它的潜水本领如此惊人，与其体内血液多、含氧量多也有关系。

　　海象喜欢群居且分工明确，有专门的哨兵和指挥者。如果北极熊胆敢来到海象群里滋事，它们就会采取集体防御的策略，群起而攻之。

人文环境

北极土著

南极是没有土著居民的，这主要是由于南极的周围为茫茫大海，人类很难远涉重洋来到这里，而北极就大不相同了，它被亚欧大陆、美洲大陆所环绕，在漫长的历史长河中，不断有人迁徙到这里定居，逐渐形成了现在的因纽特人。

因纽特人属于蒙古人种，黑头发，黄皮肤，面部宽大，颧骨突出。大约在1万年以前，他们从亚洲渡过白令海峡到达美洲北部，或是通过冰封的海峡陆桥到达的。他们主要分布在格陵兰岛、加拿大北部、阿拉斯加、西伯利亚等地区。因纽特人的总人口约13万人，其中格陵兰岛上的人数最多，有5万多人。他们是生活在地球最北部的人。

过去，北极土著——因纽特人被印第安人称作爱斯基摩人（Eskimos），意思是"吃生肉的人"。这听起来可不是一个好名字，给人很野蛮的印象。这是因为在历史上，因纽特人和印第安人虽然是邻居，却存在不少矛盾，所以印第安人就给因纽特人起了"吃生肉的人"这么一个"绰号"，并在世界范围内传开了。因纽特人对此感到不满，并于1970年向全世界发出了正名宣言，称自己为因纽特人（Inuit），意思是"真正的人"，此后外界也改口称呼他们"因纽特人"，以尊重其文化精神。

　　因纽特人称自己为"真正的人"是有原因的，因为他们是在与大自然的斗争中才生存下来的。北极地区气候恶劣，环境严酷，还要随时面临北极熊等可怕动物的袭击，想要生存下来何其艰难！但因纽特人在这里生存繁衍了几千年，是人类历史上的一大奇迹。他们可以面对长达数月甚至半年的极夜，在零下几十度的严寒中无所畏惧，仅用简单的武器甚至赤手空拳就敢去与冰封海洋的霸主——北极熊一拼高下。他们不是不知道危险，只是倘若不去捕猎，他们一家甚至整个部落就会饿死，所以，有人评价因纽特人是世界上最强悍、最顽强、最勇敢和最为坚忍不拔的民族。"真正的人"的称呼他们当之无愧！

　　早先称因纽特人为"吃生肉的人"，这也的确是他们饮食方式的体现。从前因纽特人确实是吃生肉的，这是客观环境造成的。在北极极其寒冷又冰天雪地的环境中，几乎没有什么植物，想要找到足够的燃料升起一堆火也是非常奢侈的事情，更别说要发展农业种点庄稼了。所以，他们只能以肉类为食，包括驯鹿、海豹、海象、鲸鱼、北极熊等。在捕获到猎物之后，他们就会把猎物的肉切成生肉块作为食物。他们会充分利用猎物的其他部分，如用毛皮做衣物、被褥等。因纽特猎人穿的用整张兽皮制成的衣服，既可以抵御寒风，又可以沾

↑ 狗拉雪橇

↑ 皮划艇

因纽特人的另类房屋

在严冬时节的寒冷北极，因纽特人的住房主要有两种：一种是由雪块砌成的圆顶小屋，名为伊格鲁（Igloo），这是一种由硬雪块砌成的半球形小屋，像一个小堡垒，制作得十分巧妙，保暖效果也非常好；另一种是半地下的小屋，是用石头或草块铺在鲸骨的骨架上建成的，也有很好的保暖效果。到了北极的夏季，因纽特人就居住在兽皮帐篷里。

雪，使猎人在狩猎时便于隐藏。猎物的油脂可用于取暖、照明和烹饪，骨、牙可作为工具和武器。在现代生活方式的影响下，因纽特人已基本摒弃了吃生肉的习惯，"吃生肉的人"这个称呼早已不合适了。

了解了因纽特人的食和衣，再来了解一下他们的行和住。

因纽特人的交通工具主要有两种：在陆地上的狗拉雪橇和在水上的皮划艇。狗是因纽特人忠实的朋友。在冬季，因纽特人使用狗拉雪橇；到了夏季，由于冰雪融化，雪橇不能使用，他们就用狗来驮东西，还用它们拖船、协助捕猎等。皮划艇是因纽特人的水上交通工具，是用木头做成框架，然后用几张海豹皮或海象皮覆盖其上制成的。这样的船体既轻又防水。因纽特人的皮划艇有敞篷船和带舱的船两种，因纽特人称之为屋米亚克和柯亚克。这些皮划艇主要用于打猎，因为用它们追逐猎物时速度快、操作灵活。这些无不体现因纽特人的智慧与勇气。

雪屋是因纽特人独具特色的住房，不仅要求力学上的稳定，对外形的要求也颇为严格，堪称建筑上的杰作。建造雪屋所用的雪块需要质地均匀、软硬度合适，要用工

↑雪屋

具探试雪层中有无冰层和空气。雪块的大小视拟建雪屋的大小而定，屋子越大，雪块相应切得越大。建造雪屋的关键技术在于如何将雪块一块块摆成圆圈，呈螺旋状上升，而不用任何辅助材料。这就要求雪块之间要做到精确吻合，使雪屋坚固而不至于倒塌。雪屋封顶之后，在底部挖出一扇门，把屋内的一部分用雪堆垫高，铺上兽皮等物，这就是因纽特人的床了；另外，他们在顶部开一个通气孔，以免屋内过热使雪块融化。

一个经验丰富的因纽特人能在1小时内建好供三四人居住的雪屋，也只有"真正的人"才能在零下几十度的寒冷天气独自选料、切雪块、搬运，最终建成雪屋。

多彩北极

北极城市

与南极不同，北极不仅居住着土著居民，还建设了大量的城市，北极圈内最大的城市就是俄罗斯的摩尔曼斯克市，也被称为"极地首都"。

"极地首都"——摩尔曼斯克

摩尔曼斯克是俄罗斯摩尔曼斯克州的行政中心，位于俄罗斯首都莫斯科以北1 967千米处，坐落在科拉半岛东北，临巴伦支海的科拉湾，人口约42.6万。摩尔曼斯克依山而建，沿着海湾的狭长地带伸展，景色非常迷人。受北大西洋暖流的影响，摩尔曼斯克虽位于北极圈内，但冬季的科拉湾海水并不结冰，它是俄罗斯少有的"终年不冻港"，交通战略位置极为重要。正是这样得天独厚的位置，使摩尔曼斯克成为俄罗斯，也是全世界重要的北极科研中心和考察基地。

摩尔曼斯克

"人间仙境"——努克

努克是格陵兰岛上最大的港口城市，在丹麦语和挪威语中它还有一个名字是"戈特霍布"，意思是美好的希望。因为受北大西洋暖流的影响，这里的海水冬季也不结冰，很适宜发展渔业。到了暖和的季节，这里的沿海地区会生长绿色的植被，在白色冰川、蓝色大海的映衬下，真可谓"人间仙境"，吸引着大量探险家和游客前来考察和游览。

↑努克

北极观光

随着现代科技的发展，北极已不再是那个只有科学家和探险家才能触及的神秘之地，对北极充满好奇和向往的人们也可以坐着狗拉雪橇，穿越白雪皑皑的冰雪大地，体验那种寒冷与苍茫。目前，全世界每年都有大量游客前往北极地区游览，北极旅游在中国也已兴起，并受到人们的欢迎。

"满目冰山和冰川，在神秘极地，围绕你的是空灵、寂静，是一种涤荡心灵的体验。"这是旅游从业者为我们描绘的北极美景。的确，在北冰洋岸边，眺望远处大洋中的浮冰和冰山，回望白雪皑皑的群峰，真是一种心灵的震撼。你还可以深入因纽特人的生活中，近距离感受不一样的奇异风俗。不过，目前北极旅游以北极地区的陆地范围为主，深入北冰洋中游览还是很危险的，那里仍然是科学家和探险者才有能力涉猎的领域。

北极风光

↑ 资源开发

北极资源

　　北极是一个冰天雪地的童话世界，也是一个大宝库，里面有非常丰富的资源矿藏。其中最重要的要数当前世界各国都十分需要的油气资源。从20世纪60年代末开始，人类就先后在北冰洋海底发现了丰富的油气资源。世界石油资源权威评估机构美国地质勘探局称，北极地区拥有的原油储量和天然气储量巨大。另外，北冰洋还是世界上最浅的海洋，便于进行海底油气田的开发，即使自然条件非常恶劣，长途运输比较困难，北极的油气开发仍然是各国瞩目的焦点。目前，地处北极的各国基本都有北极油田在运作。

　　除了油气资源，北极地区还有丰富的煤炭等矿产资源，美国的阿拉斯加地区、俄罗斯的西伯利亚地区的矿产资源更为丰富。据地质学家估计，阿拉斯加地区有世界上最集中连片分布的特大煤田，所储藏的煤炭量相当于世界煤炭资源总量的9%，而西伯利亚地区的煤炭储量甚至比阿拉斯加地区还多。北极不仅煤炭储量大，而且煤质优良，可以说是全世界最洁净的煤，能直接作为能源和工业原料。除煤炭外，北极地区还有许多其他的矿产资源，如享誉世界的俄罗斯科拉半岛大铁矿，作为世界最大铜—镍—钚复合矿基地之一的俄罗斯诺里尔斯克矿产基地，美国阿拉斯加的红狗矿藏，加来诺金矿区等，都是世界级的重要矿区。

壮美极地

Link

阿拉斯加——俄罗斯人心中永远的痛

阿拉斯加最初并不属于美国，而是俄国的领土。俄国人在占据阿拉斯加后，发现这片土地是如此的"荒凉"，几乎一无所用，而且这里与俄罗斯本土隔着一道白令海峡，距离首都莫斯科又太过遥远，管理和维持起来很困难，再加上俄国参加了克里米亚战争，无暇顾及这里，于是在1867年将阿拉斯加以720万美元的价格卖给了美国，平均每公顷的土地还不到5美分。后来美国人在这里发现了大量的黄金和油气资源，俄国人这时才发现自己做了一笔赔到家的买卖，阿拉斯加也成了他们心中永远的痛。

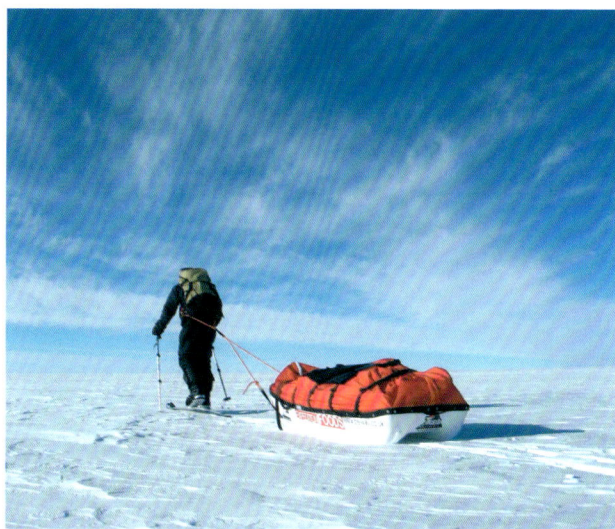

极地与人类

Mankind and the Polar Regions

"雄关漫道真如铁，而今迈步从头越。"南极与北极，凛冽的寒风，酷寒的气温，都没能阻挡住人类探险科考的脚步。几千里路风霜雨雪，看不尽冰原起伏，洒不尽豪情万千，如今的人类已经可以在极地纵横驰骋。这里风雪连天，偏居在地球两端，却时刻系着我们人类生存的命脉。

极地科考

人类足迹

发现南极大陆

在地球的最南端，有一块纯洁、壮美得令人叹为观止的南极大陆。虽然这块大陆距离人类文明的发源地非常遥远，但人类早在很久以前便已猜想到它的存在。在古希腊时期，先哲依据几何学的对称理论，认为既然北方有这么大的一块陆地，那么南方也应有一块，这样地球才能平衡。到了公元2世纪，著名的天文学家、地理学家托勒密绘制了一幅非常神奇的地图，图上除了勾勒出当时已知的陆地外，还在南方多画了一块陆地，并把它命名为"未知的南方大陆"。

14世纪，轰轰烈烈的大航海时代逐渐开启，特别是在哥伦布发现了美洲大陆之后，早期的探险者和航海家们被激发出了热情，纷纷南下去寻找那块传说中的"未知的南方大陆"。

南极大陆与地球上其他大陆相隔甚远，中间是茫茫的大海，还是一个风暴迭起、波浪滔天的西风带。大航海时代的航海家们很难穿越这一片"死亡之海"，但是，他们仍然前赴后继地展开探险历程。18世纪70年代，英国的著名航海家詹姆斯·库克南下寻找"未知的南方大陆"，航行9.7万千米，成为第一个环南极大陆航行的航海家。虽然他曾几次进入南极圈，还深入到南纬71°10′的海域，但由于狂风巨浪和厚厚冰盖的阻隔，最终他未能踏上南极大陆。后来，直到19世纪20年代前后，许多航海家陆续到南极探险，虽然他们也未能真正踏上南极大陆，但发现了周边许多的岛屿，这已经是非常了不起的成就。比如，在1819~1821年，英国的威廉·史密斯船长就曾5次率船到南极海域航行，并发现了南设得兰群岛；1819年，俄国的别林斯高晋船长率船环绕南极航行，并在1821年发现了离南极大陆海岸不远的彼得一世岛。在这一时期，除了上述航海家外，还有许多航海家来到了南极，并不时有新的发现，逐步勾画出了南极大陆的粗略轮廓。但究竟是谁第一个登上了南极大陆，尚无定论。我们认为南极大陆是人类在长时间探险过程中逐步发现的，每一位前往南极探险的航海家都是发现南极大陆的英雄。

↑詹姆斯·库克

W0°E

南 大 洋

南极圈

布维岛
布维1738年

桑威奇群岛

南乔治亚岛

别林斯高晋1820

罗斯 1843

库克 1773

毛德皇后地

福克兰岛

威德尔 1823

恩德比地

布兰斯菲尔德 1820

威德尔海

合恩角

拉森 1893

"挑战者"1874

南极点

贝尔吉斯 1898

地斯克尔威

别林斯高晋1821

库克 1774

爱德华七世地

南磁极1908

罗斯 1842

维多利亚地

罗斯海

阿德尔角

南 大 洋

巴勒尼群岛

太 平 洋

马阔里岛

坎贝尔岛

塔斯马尼亚岛

0   800 千米

W180°E

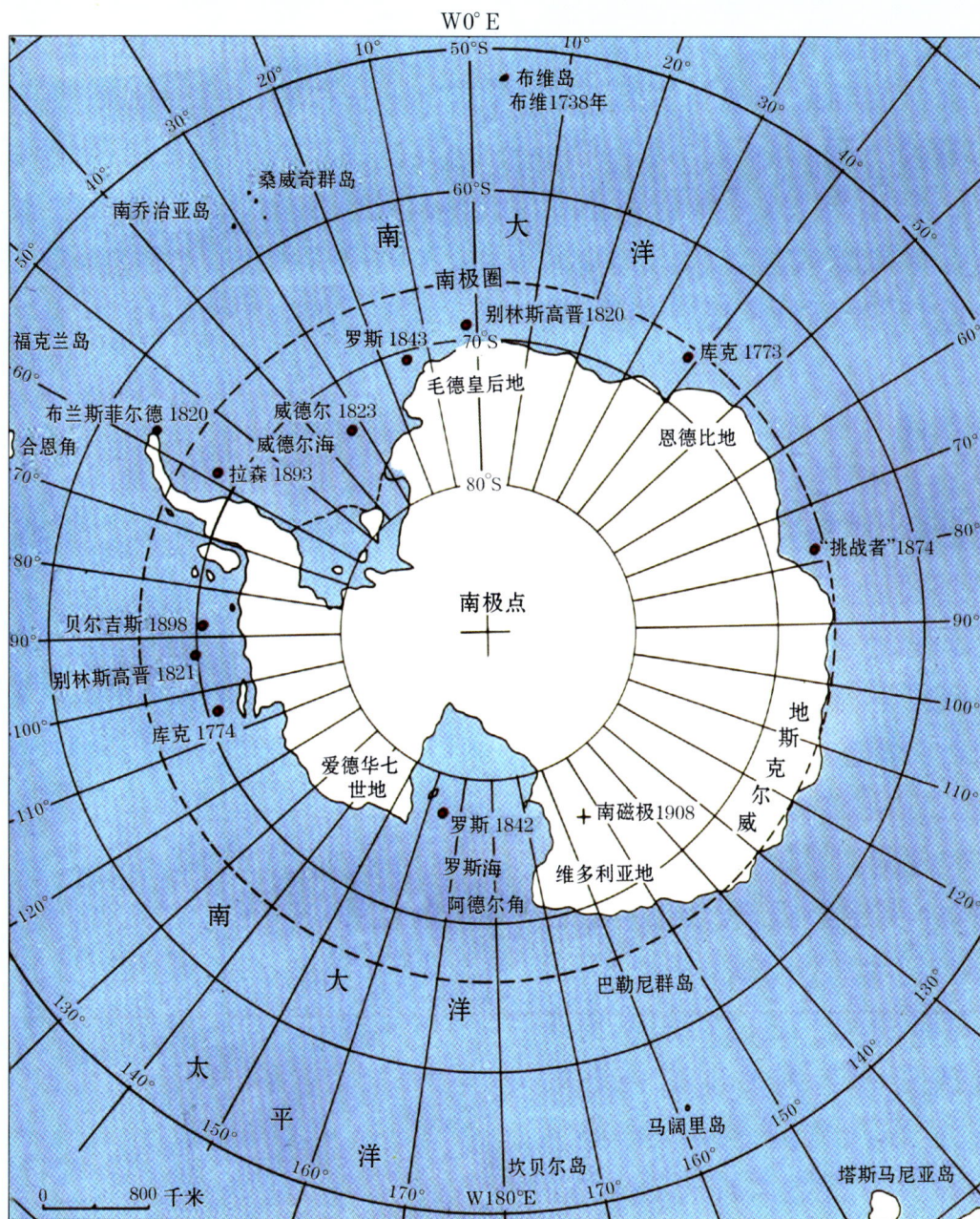

↑18～19世纪各国探险家向南挺进的记录

壮美极地

踏上南极点的竞赛

　　在南极大陆的南极点上，有一个世界上最南端的科考站——阿蒙森—斯科特站，它以最早到达南极点的两位著名探险家阿蒙森和斯科特的姓氏命名。他们曾为最先踏上南极点展开了一场惊心动魄的竞赛，是人类探险史上伟大的英雄。

　　罗伯特·法尔肯·斯科特，英国人，是英国皇家海军的军官，1900年他曾到南极探险，并在南极建立了基地。正因为有这样的南极探险经历，10年之后，他于1910年6月15日乘"新大陆"号驶离英格兰南下，开始了他征服南极点的漫漫征程。

　　罗尔德·阿蒙森，挪威人，也是一名海军军官。他在听说斯科特远征南极的计划之后，也筹划着去征服南极点。不过，在起跑线上阿蒙森稍稍落后了一些，1910年8月9日他的"弗莱姆"号才驶离挪威，出发时间比斯科特晚了近2个月。

　　不过，南极附近凶险的海洋环境，使早出发的人不一定就能早到达。斯科特的"新大陆"号从新西兰南下后，便遭遇了长达36个小时的强风暴袭击，船只几乎沉没，直到1911年

↓阿蒙森—斯科特站

1月，劫后余生的斯科特才来到南极。然而，祸不单行，由于巨大的冰山阻隔，他无法到达他10年前建立的基地，只能重新找位置登陆，建立大本营。

相比之下，阿蒙森的征程则顺利得多。虽然他比斯科特晚出发2个月，但同样在1911年1月抵达了南极，而且他所选择的登陆地比斯科特距离南极点还要近90千米。

几个月之后，两人率领着各自的探险队几乎同时出发。出发前，斯科特作了一个十分错误的决定，他没有使用从挪威带来的雪橇狗来拉雪橇，而是使用了矮种马。这种马根本不适合在南极行走，不断地踏破冰面，跌入冰裂隙中，并且饥寒交迫、疲惫不堪。斯科特的队伍只好斩杀了矮种马，靠人力拖着笨重的雪橇前进。

而阿蒙森挺进南极点的历程则顺利得多，他们使用52条狗来拉雪橇，前半段的行程非常顺利，后半段虽然因地形复杂、天气恶劣而使前进的速度有所下降，但他们还是在1911年12月14日胜利抵达南极点。他们在南极点支起了帐篷，竖起了挪威国旗，证明他们是第一支登上南极点的队伍。挪威是首个将国旗插在南极点的国家。

1912年1月17日，斯科特的队伍历尽艰辛，最终也成功抵达南极点。但是，他们看到了挪威的国旗。虽然他们在争取最先到达南极的竞赛中失败了，但仍然是最伟大的南极探险家之一。

阿蒙森很顺利地返回了他们登陆的大本营，但斯科特的返程之路却异常艰难和悲壮，−70℃的严寒，恶劣的天气，捉襟见肘的补给，已近衰竭的体力，再加上连续数天的风暴，斯科特的同伴们一个个葬身在南极的冰原中。后来，人们发现了他们的遗体以及珍贵的文件。最值得一提的是16千克的石头标本，体力已近极限的他们宁愿葬身在冰天雪地之中，也不愿抛弃这些标本。他们这种为科学献身的精神将永远被后人铭记。

↑罗尔德·阿蒙森

↑罗伯特·法尔肯·斯科特

南极科考

在阿蒙森和斯科特先后征服南极点之后，人类对南极的探险进入了新的阶段，逐渐用机械设备取代了原始的狗拉雪橇，飞机、大型轮船的应用为人类对南极进行研究提供了新的可靠运输工具；特别是到了20世纪后期，众多科学家前往南极，在那里建立了考察站，进行科学考察。目前已经有20多个国家在南极建立了150多个考察站，一些考察站的规模非常大，后勤保障、交通通讯、生活服务等方面的设施一应俱全。

麦克默多站是所有南极考察站中规模最大的一个，由美国于1956年建成，有各类建筑200多栋，包括10多座3层高的楼房，还有1个机场，可以起降大型客机，有通往新西兰的定期航班。麦克默多站的通讯设施、医院、俱乐部、电影院、商场一应俱全，仅酒吧就有4座，十分热闹，就像一座现代化的城市，有"南极第一城"的美誉。每年夏季，一架架大型客机从美国、澳大利亚、新西兰等地把上千名游客运往这里，以观赏南极洲的风光。

↑麦克默多站

东方站位于南极洲的内陆，海拔高度达3 600米，由苏联于1957年建成，现在属于俄罗斯。东方站是南极洲最冷的地方，也是世界上最冷的地方。1983年7月2日，测得温度为-89.2℃，所以人们将这里称为南极的"寒极"。在这里，雪从来不会融化，泼水即成冰。该站一般有30名工作人员从事着各学科的研究。

↑ 东方站

阿蒙森—斯科特站是世界上最南的科考站，由美国于1957年建于南极点，海拔2 900米。它是南极内陆最大的考察站，花了12个夏天才建成，可以容纳150名科学家和后勤人员。考察站呈机翼状，由36根"高跷"支撑，距离地面3.05米，风在考察站底下加速，可以防止雪的堆积；当雪堆积得太厚时，液压千斤顶可以再把建筑抬起两层楼高。这里建有4 270米长的飞机跑道、无线电通讯设备、地球物理监测站、大型计算机等，可以从事高空大气物理学、气象学、地球科学、冰川学和生物学等方面的研究。

Link

南极探险与考察的四个时代

第一阶段：帆船时代。从18世纪后期库克船长寻找南方大陆开始，一直到19世纪末，这一时期人类主要是通过帆船前往南极探险。

第二阶段：英雄时代。从20世纪初到第一次世界大战前，这一时期涌现了阿蒙森、斯科特等南极探险的英雄人物，人类先后征服了南磁极和南极点。

第三阶段：机械化时代。从第一次世界大战后到20世纪50年代中期，这时人类在探险中逐渐用机械设备取代了狗拉雪橇等原始装备，飞机也在南极探险中得到了运用。

第四阶段：南极科学考察时代。从20世纪50年代中期至今，众多科学家来到南极进行多学科的科学考察，建立了大量的科学考察站。

向北极进发的前奏——北冰洋航线的开辟

虽然北冰洋的大部分海面被浮冰覆盖，但每逢夏季，大陆沿岸还是会形成可供船只航行的水道，其中亚欧大陆北面的航线被称为东北航线，美洲大陆北面的航线则被称为西北航线。在人类向北极深处进发之前，开辟这两条航线是各国探险家奋斗的重要目标，也可以看做征服北极的前奏。

↑维图斯·白令

这两条航线的开辟并非易事，前后历经了几个世纪。1527年，英国商人罗伯特·索恩提出存在一条从大西洋经俄罗斯沿岸到达亚洲的海上航线，即现在的东北航线。此后，便有许多探险家试图将这条航道开辟出来，有的人还为之付出了生命的代价，其中最为有名的就是探险英雄维图斯·白令。他是丹麦人，在俄国海军服役，由于才能出众而深受彼得大帝的赏识。雄心勃勃的彼得大帝试图寻找一条从北极海域通往中国和印度的路。首先，他需要确定亚欧大陆和美洲大陆是否是连在一起的，于是，具有丰富航海经验的白令便被任命为探险队长来完成这一艰巨的任务。

1725～1741年期间，白令坚定不移地进行了两次极其艰难的航行。他发现了北极地区的几个岛屿和阿拉斯加，并顺利通过了阿拉斯加和西伯利亚之间的航道，证明了亚洲和北美洲并不是连在一起的，这条航道后来被命名为白令海峡。虽然白令的航行取得了很大成就，但他也为此献出了生命。1741年，在他的最后一次航行中，他的船只不幸触礁，后来漂至一座无人小岛，他自己也因患坏血病在这个岛上去世。今天，这座小岛被命名为白令岛，这片海域被命名为白令海，以纪念这位献身航海事业的伟大探险家。

↑阿道夫·伊雷克·诺登舍尔德

最终，完成开辟东北航线历史使命的是芬兰人阿道夫·伊雷克·诺登舍尔德。作为一名出色的地质学家，他从1858年开始就多次在北极地区进行考察。1878年7月，在对北极已非常熟悉并作了充分准备后，诺登舍尔德率领4艘舰艇向东北航线发起冲击。起初一切都很顺利，但当他们进入不很熟悉的楚科奇海时，船只被牢牢冻住达10个月之久。直到1879年9月，他们才历尽千辛万苦挣脱了出来，随后一路绕过亚洲大陆的东北角，进入白令海峡。自此，人类为之奋斗几个世纪并付出了巨大代价的东北航线终于被成功开辟出来。

与东北航线相比，西北航线的开辟更为艰难。因为要穿越加拿大北极群岛间的一系列迷宫般的海峡，再加上遍布的冰山与浮冰，这条航线堪称世界上最险峻的航线之一。在开辟的过程中，有很多探险家为之付出了巨大的努力，甚至是生命。

约翰·富兰克林是英国著名的探险家。19世纪，英国皇家海军为了重振海上雄风，决定对北极地区进行调查和探索，开辟新航线。于是，从1818年开始，富兰克林多次受命通过陆路和海路探索北极地区的海岸和航线，他们航行了8 000多千米，并在1825年越过了西经110°，立下了卓越的功勋。经过多次考察和勘探，1844年，英国派出了2艘当时世界上最为先进的舰艇，由富兰克林来指挥远航。然而，2个月后，富兰克林的船队与英国失去了联系，仿佛从地球上消失了一般。

原来，他们的船只在北极海域被海冰冻住，未能解脱。富兰克林于1847年去世，剩下的船员也渐渐地冻饿而死，最终无一生还。这是北极探险史上最大的一次悲剧事件。

↑约翰·富兰克林

富兰克林失败了，但开辟西北航线的征程仍在继续。罗尔德·阿蒙森在少年时代就立下了征服北极的雄心壮志。1903年6月，他和精心挑选的6个伙伴离开挪威奥斯陆码头，向茫茫大海驶去。8月，他们登上了令富兰克林舰队全军覆没的威廉王岛。1905年，他们的船只走出了加拿大北极地区岛屿密布、冰山林立的迷宫，进入了广阔的波弗特海。一年后，阿蒙森进入了阿拉斯加西海岸的诺姆港，宣告这次历史性航行的最后胜利，西北航线终于被人类征服。

↑罗伯特·埃得温·皮尔里

最先到达北极点的人

罗伯特·埃得温·皮尔里是美国探险家。他曾3次向北极点发起冲击。1902年，他抵达了北纬80°，并在那里建立了几个仓库，为之后的北极探险打下了一个良好的基础。1905年，他带着200多条狗和几个因纽特人家庭组成的庞大团队向北极点发起冲击，由于他们在建立补给站时遇到了极大的困难，最后只到达了北纬87° 06′，距离北极点只有273千米。1909年，皮尔里挑选了最精干的队员再一次向北极点发起冲刺，最终他们抵达了地球的顶端——北极点，实现了几百年来人们不断追寻的梦想。

届时，人类在北极追寻的开辟东北航线、西北航线和征服北极点三大目标都成功地实现了。

虽然北极距离人类居住的主要地区比南极更近一些，但人类在征服北极的历程中牺牲巨大，几百位航海家、探险家为此付出了生命的代价，更有许许多多因纽特人作出了卓越的贡献和无私的帮助。正是因为他们的不懈努力，我们现在才能充分地认识北极，触摸北极。

新奥尔松

北极科学城——新奥尔松

在北极科考中，有一个地点扮演了十分重要的角色，那就是挪威的新奥尔松。新奥尔松位于挪威斯瓦尔巴群岛的西海岸，这里曾经是一个煤矿，于20世纪60年代关闭。由于这里的建站和科考环境好，再加上《斯瓦尔巴条约》规定很多国家都有权利在这里开发研究，所以这里就成了建立北极科学考察站的最好选择，并逐步发展为一座北极科学城。这里不仅有邮局、酒吧、小卖部、码头、机场，还有一个透明的"玻璃大棚"，里面生长着无土栽培的绿色蔬菜，这在白雪皑皑的北极可不多见。目前，已经有10多个国家在这里建立了科学考察站。

Link

世界上最北的大学——斯瓦尔巴德大学

挪威的斯瓦尔巴群岛位于北纬78°，处于北极圈内，只有少量的居民和科研人员在此居住。但这里有所世界上最北的大学——斯瓦尔巴德大学。斯瓦尔巴德大学位于斯瓦尔巴群岛中部的朗伊尔，是由挪威的挪威大学、贝尔根大学等4所大学于1996年共同发起建立的，学校的教师也大多来自这4所大学，主要有生物、北极地质、地理、工艺学等学科。目前，来自世界各地的120多名在校学生，其中包括10名博士研究生。

作为世界上最北的大学，斯瓦尔巴德大学有许多与众不同之处，新生入学的第一周必须接受野外生存训练，如射击、搭帐篷、野外做饭、驾驶和修理雪地摩托车等。这是因为斯瓦尔巴群岛6万多平方千米的土地都是他们进行科学考察和实验的对象，学习这些技能是十分必要的。可以说，这所大学拥有世界上最大的实验室。

↑斯瓦尔巴德大学

中国南极考察队

中国脚印

　　人类征服南、北极波澜壮阔的历史进程中，自然也少不了中国人的身影。中国虽然参与南、北极科考的时间相对于西方国家来说比较晚，但取得了很大的成就。

　　1980年1月，毕业于山东海洋学院（现中国海洋大学）的中国科学家董兆乾和张青松来到了澳大利亚的南极考察站——凯西站进行考察和访问，并在随后的47天内访问了美国、新西兰、法国等国家的南极考察站。他们成为了第一批登上南极大陆的中国科学家，为以后的南极科考打了前站，积累了宝贵的经验。1981年，中国成立了专门管理南极考察的机构——国家南极考察委员会，并于1983年加入了《南极条约》，这些举措均为中国对南极进行大规模科考提供了支持、作好了准备。1984年，中国第一支南极科学考察队乘坐"向阳红10"号海洋科学考察船从上海启程，向南极进发，吹响了中国南极科考的号角。

最先到达南极点的中国人

在中国的南极科考正式开始之后，最先到达南极点的中国人是谁呢？他们就是原中国国家南极考察委员会办公室副主任高钦泉和国家海洋局第一海洋研究所的海洋生物学家张坤诚。他们于1985年抵达位于南极点的阿蒙森一斯科特站进行友好访问，成为最先到达南极点的中国人。1984年底，高钦泉、张坤诚从北京出发，来到飞往南极点的前进基地——新西兰克莱斯特彻奇市，然后换乘LC-130大力神飞机飞往南极。由于南极地区天气恶劣，直到1985年初，他们才遇上好天气，顺利抵达南极点，并亲手把五星红旗升起在南纬90°的上空，还把一个指向北京的指向标插在了南极点上。

中国的南极科考正式起步之后，每年都会组织一次南极考察，对南极大陆和海洋进行科学研究，取得了令世人瞩目的成果，并相继在南极建立了3个科学考察站。

长城站

中国最先建成的南极科学考察站是长城站，位于毗邻南极大陆的乔治王岛上。与南极大陆相比，这里的气温相对温和，许多海豹、企鹅等动物在此栖息、繁育，还有许多地衣、苔藓等植物。这里是对南极进行多学科考察的理想地点，因此，有好几个国家在这里建立了科学考察站，以便加强国际交流与合作。长城站位于乔治王岛西部的一个小海湾旁。这个小海湾也被命名为长城湾，这里湾阔水深，进出方便，背依终年积雪的山坡，水源充足。

↑ 长城站

中山站

中山站与长城站最大的不同是它位于南极大陆的本土，气象要素的变化与长城站差别较大。这里比长城站寒冷干燥，更具备南极极地气候的特点；这里易于登陆，地域广阔，便于发展，挨着南极最大的冰川——兰伯特冰川和查尔斯王子山脉，有丰富的淡水资源，是一处开展科学研究的理想地点，而且可以作为向南极内陆进发的基地。中山站经过多次扩建，现有各种建筑15座，建筑面积2 700平方米，科研、生活设施齐备，可以满足考察队员的工作和生活需要。

昆仑站

与中山站和长城站相比，昆仑站更为深入南极内陆。它位于南极大冰盖的冰穹A上，海拔高度为4 087米，是中国第一个南极内陆科学考察站，同时也是南极海拔最高的科学考察站。昆仑站于2009年成功建成，标志着中国已成功跻身国际极地考察的"第一方阵"。这里是钻取深度冰芯的最佳地域，也是监测大气环境、进行天文观测、探测臭氧空洞变化的理想场所。

与南极相比，中国对北极的科考开始得更晚一些。1995年，中国海洋大学的赵进平等7名科学家第一次对北极点进行了徒步考察。他们每个人都背着生活用品和食物，主要依靠滑雪前进，同时将重要的辎重放在由狗拉着的雪橇上，最终胜利到达了北极点。这是中国科学家第一次对北冰洋进行现场考察，为以后的北极科考铺平了道路。

↑中山站

↑昆仑站

功不可没的"雪龙"号

在中国的极地科学考察中，"雪龙"号极地考察船功不可没。"雪龙"号原是乌克兰赫尔松船厂于1993年建造的一艘破冰船，中国购进后，改装成为极地科学考察运输船。南极考察委员会第一任主任武衡将这艘船命名为"雪龙"号，其中"龙"代表中国，"雪"意味着极地的冰雪世界。

"雪龙"号技术性能先进，属国际领先水平，自1994年10月首航南极以来，已先后11次赴南极、4次赴北极执行科学考察与补给运输任务。北京时间2010年8月6日凌晨4时29分，"雪龙"号"轻松"打破了中国航海史最高纬度纪录——北纬85°25′。

"雪龙"号作为中国南、北两极极地科考的最重要船只，船上的"四多"很值得一提：一是"地图"多，在船上随处可见各种各样的地图，便于科考队员随时进行研究；二是"规矩"多，船上有环保守则、安全守则、消防守则、节水守则等许多守则；三是"照片"多，船上关于极地的照片很多，都用相框挂在墙上，构成了独特的风景；四是"讲座"多，极地科考队员为增进了解，增加对各学科和课题的认识，经常举办各式各样的讲座。

中国的首次北极大规模科考

1999年，我国开展了第一次大规模的北极科学考察。科考队乘"雪龙"号破冰船向北冰洋进发，穿过日本海、宗谷海峡、鄂霍次克海、白令海，2次跨入北极圈，到达楚科奇海、加拿大海盆和多年海冰区，安全航行14 180海里，获得了大批极其珍贵的样品、数据和资料，取得了多项突破。

在随后的岁月中，中国又进行了3次北极科考，对北极进行了大规模、多学科、综合性的系统研究，为北极的科学事业作出了巨大贡献。

"雪龙"号破冰前行

↑ 黄河站

黄河站

中国北极黄河站，简称黄河站，是中国在北极建立的第一个科学考察站，建立于2004年7月28日，位于北纬78°56′的挪威斯瓦尔巴群岛的新奥尔松地区，距北极点仅有1 200千米。黄河站深入北极圈，基础设施完备，实验室、办公室、宿舍等科研生活设施一应俱全。黄河站重点研究的领域是空间物理学，这里拥有全球极地科考中规模最大的空间物理观测点。黄河站作为中国在北极地区创造的一个永久性科研平台，为解开空间物理、空间环境探测等众多科学谜团提供了极其有利的条件。

勇闯南、北两极的中国科学家——赵进平

　　有这样一位科学家，他先于1984年参加了中国首次南极科考队，将当时国内唯一一台海洋科考仪器带到了南极；又于1995年参加了中国首次远征北极点的科学考察，靠滑雪和狗拉雪橇走到北极点，他就是现任中国海洋大学教授，国际海洋物理科学联合会（IAPSO）中国委员会主席——赵进平。他参加了我国迄今为止全部四次北极科学考察，取得了一系列高水平的研究成果，为极地事业作出了卓越的贡献。以下为赵进平教授撰写的一段诗句：

摘一叶炽热的夏天，送给寒冷的冰原；
她没有土地和芳草，孤寂地在北极流连；
霞光喷薄，极光闪烁，辉映着这冰雪的荒漠；
狂风浩荡，浓雾闭锁，涤荡着她僵冷的家园。

摘一叶灿烂的夏天，送给平淡的冰原；
绰约的面纱下，是冰雪公主秀美的容颜；
风雪连天，酷寒绝世，偏爱这荒弃的疆土；
不羡红花绿柳，她告诉我，北极是她的江南。

摘一叶奔放的夏天，送给冷漠的冰原；
我来了，造访这无垠的冰海和久抑的波澜；
测高空，探深海，挥洒的何止是激情；
夙夜耕耘，纵横驰骋，收获的何止是秋天。

摘一叶果敢的夏天，送给心中的冰原；
带着祖先的梦，向往着冰雪大漠的孤烟；
不要誓言，不要雄心，趁年轻去实现梦想；
万里尘绝，长空雁断，冰原是心中的雄关。

……

↑科学家赵进平

↑参加北极科考的中国海洋大学队员

（左三为赵进平）

极地环保

极地危机

如今，气候变暖已成为全球面临的最严重挑战之一，它会造成很多严重的自然灾害，受其影响最大的莫过于南、北两极的冰川了。目前，极地冰川的融化速度在不断加快，冰川的覆盖面积在逐渐减少，海冰也在变小变薄。赵进平教授在2010年进行北极科考的过程中，经历了这样一种奇异的景象：在北纬87°，逼近极点的地方，居然下起雨来，可见北极受全球变暖影响之大。他还看到北极海冰出现大量的冰间水道和水塘，包括北极点在内的海冰融化得非常厉害，令人十分担忧；如果任由这种局面发展下去，对世界的影响将不堪设想。

南、北极冰川融化的直接后果就是海平面上升。目前，在全球气候变暖的影响下，海平面不断上升，已成为不争的事实。20世纪初以来，海平面已上升了20厘米，尤其是近几十年，海平面的上升速度几乎增长了1倍，而且所有的迹象都表明，海平面的上升仍在加速。

人们估算过，如果北极地区最主要的冰盖——格陵兰冰盖全部融化的话，全球海平面将升高6.5米；如果南极大陆上的冰川融化的话，后果更是无法想象；如果南极冰盖全部融化的话，海平面将会至少上升60米！届时，整个地球的生态环境都将发生彻底的改变，陆地上的大部分地区都将变成一片汪洋！

危机并非存在于遥远的未来，而是早已逐渐显露出它狰狞的面目。在南太平洋有一个名叫图瓦卢的岛国，这个岛国海拔最高的地点只有4.5米。随着全球变暖趋势的加强，两极冰川的加速融化，图瓦卢随时会被海水所淹没，目前已经有数千人离开图瓦卢移民海外；如果冰川的融化得不到控制，图瓦卢将不得不举国搬迁。

极地冰川的融化不仅对于沿海地区有潜在的威胁，还威胁着极地的生物。随着北冰洋海冰的持续消失，北极熊所生活的浮冰已变成一个个孤岛，迫使它们不得不在海水中游更长时间才能觅到食物。漫长的海上寻食路导致它们精疲力竭、体温降低、抵抗力下降，号称游泳健将的北极熊也会被淹死在茫茫大海之中。许多极地地区的鱼类因为气候的变化很难在原有的栖息地生活，现在已经很难找到它们的踪迹了。

随着人类经济的发展，工业化进程的不断加快，工业污染物被大量排放，不仅污染了我们的生活环境，就连遥远的极地也会受到一定程度的影响。虽然位于地球两端的极地被污染的程度目前还不严重，但如果人类不认真加以对待，继续任由各种污染物随着洋流不断地流入极地的话，总有一天，极地脆弱的生态环境将遭受难以恢复的污染。届时，我们人类将悔之晚矣。

除了全球变暖、废物排放，人类对极地资源的开发和利用也会对极地产生直接的影响，这主要体现在北极方面。随着人类在北极勘测到越来越多的石油等自然资源，世界各国趋之若鹜，争抢这块"宝地"，但是人们往往忽视了石油开采、矿藏开发等活动会给北极的生态系统带来干扰，还会对北极地区的动、植物造成伤害，尤其是一旦发生漏油事故，北极的生态环境将遭受重创！

Dr. Ibrahim Didi
Minister of Fisheries and Agriculture

Link

冰川融化的后果——马尔代夫水下内阁会议

　　2009年，马尔代夫总统在海底召开了一场举世闻名的"水下内阁会议"。总统和其他13名官员身穿潜水服，潜入海中，在安放于海底的桌子旁就座。总统打着手势，宣布会议开始，他们用防水笔在塑料白漆板上签署了一份"SOS（紧急求救）"文件，呼吁所有国家关注全球变暖的问题，减少二氧化碳排放。因为全球变暖导致极地冰川融化，继而引发的海平面上升可能会在一个世纪内淹没这个平均海拔只有2.1米的岛国。

保护极地

了解了极地面临的各种危机以及这些危机将造成的可怕后果之后，为了防止这些后果的发生，我们应该如何去做呢？来看看极地科考队员都是怎样做的。

极地科考队员在进行考察的过程中，严禁在南极乱扔垃圾，一切废物都必须带回科学考察站统一销毁。各个国家的南极考察站一般都会建有垃圾处理设备，主要是焚烧炉，用以处理可以进行无害燃烧的固体废弃物，也就是可燃垃圾。对于考察站不具备条件处理的废弃物、不能燃烧或燃烧时会产生有害物质的塑料等垃圾，需要尽量减少体积，如玻璃瓶要打碎，易拉罐要压扁，垃圾要妥善保管，后期随船运回国内处理。另外，科考队员不允许追逐、惊吓极地的动物，更不准伤害和捕捉它们。在采集标本和样品的时候，必须在统一的领导下进行，绝对不允许任意采集和破坏。

在签订的有关极地的条约中，有许多有关极地环境保护的专门条款。比如，《南极条约》体系中有《关于环境保护的南极条约议定书》，这个议定书的签订就是为了保护南极自然生态，严格禁止侵犯南极自然环境、向南极海域倾倒废物等行为，还规定了禁止在南极地区开发石油资源和其他矿产资源。《北极环境保护战略》也对北极生态系统的保护、自然资源的恢复、对北极地区进行合理开发和利用作出了重要的规定，此外还有一系列有关保护北极动物的条约和协定。这些都为北极的生物资源、矿产资源、能源及环境提供了及时有效的保护。

就让我们从"关心"做起，注意生活中的一点一滴，践行低碳生活方式，减少温室气体排放。

首先，请大家节约资源。出门随手关灯，家用电器不用的话就把它关掉，拒绝使用一次性物品，节约粮食，珍惜纸张，保护森林，使用节能型电器。然后，我们还要尽量减少废物的排放。出门尽量乘坐公共汽车，拒绝使用塑料袋，尽量使用布袋，吃盒饭时使用可降解的餐盒，对于废电池、废金属、废塑料等垃圾不要随意丢弃而要妥善处理。

从我做起，从现在做起，好好保护我们的极地，守护那一片纯白的世界。

极地之行，绝非坦途。在冰壑里纵横驰骋，在雪海中扬帆前进，需要求真求实的科学眼光，需要顽强拼搏的毅力。

　　饱览极地之美后掩卷沉思，相信你会不由自主地萌生一个愿望：让我们从此刻做起，从点滴做起，守护那片纯白的世界；让壮美成为永恒，让这个童话王国在时空中凝固、绵延，直到永远……

致　谢

本书在编创过程中，中国海洋大学极地海洋过程与全球海洋变化重点实验室、青岛乐道视觉创意设计工作室、戈晓威同志等机构和个人在资料图片方面给予了大力支持，在此表示衷心的感谢！书中参考使用的部分文字和图片，由于权源不详，无法与著作权人一一取得联系，未能及时支付稿酬，在此表示由衷的歉意。请相关著作权人与我社联系。

联 系 人：徐永成

联系电话：0086-532-82032643

E-mail: cbsbgs@ouc.edu.cn

图书在版编目（CIP）数据

壮美极地/赵进平主编. —青岛：中国海洋大学出版社，2011.5
（畅游海洋科普丛书/吴德星总主编）
ISBN 978-7-81125-671-0

Ⅰ.①壮… Ⅱ.①赵… Ⅲ.①极地-青年读物　②极地-少年读物
Ⅳ.①P941.6-49

中国版本图书馆CIP数据核字（2011）第058390号

壮美极地

出 版 人	杨立敏		
出版发行	中国海洋大学出版社有限公司		
社　　址	青岛市香港东路23号		
网　　址	http://www.ouc-press.com	**邮政编码**	266071
责任编辑	杨亦飞　电话　0532-85902533	**电子信箱**	yyf2829@msn.cn
印　　制	青岛海蓝印刷有限责任公司	**订购电话**	0532-82032573（传真）
版　　次	2011年5月第1版	**印　　次**	2011年5月第1次印刷
成品尺寸	185mm×225mm	**印　　张**	9
字　　数	80千字	**定　　价**	26.00元